지은이 **알베르트 아인슈타인** Albert Einstein

독일 태생의 유대인 이론물리학자인 그는 1905년 독일의 《물리학연보》에
광양자설, 브라운운동 이론, 특수상대성이론 등 5개의 논문을 ▓▓▓
특히 특수상대성이론은 '모든 좌표계에서 빛의 ▓▓
이 동일하다면, 시간과 물체의 운동은 ▓▓▓▓▓▓
로써, 당시까지 지배적이었던 갈릴레이▓▓▓▓▓▓
다. 이것은 종래의 시간·공간 개념을 ▓▓▓▓▓▓▓
상에도 지대한 영향을 미쳤다. 1915년 발▓▓▓▓▓▓
력장 속에서 빛은 구부러진다'고 예언했▓▓▓▓ ▓▓▓, 관측대에
의하여 확인 증명되었다. 이로써 그때까지 ▓ ▓ 수 없었던 수많은 우주 현
상이 설명 가능해졌다. 그는 광전효과 연구와 이론물리학에 기여한 업적
으로 1921년 노벨물리학상을 받았다. 1933년 독일을 떠나 미국의 프린스
턴 고등연구소 교수로 취임했고, 이후 일반상대성이론을 통일장이론으로
확대시키는 연구에 평생을 바쳤다. 제2차 세계대전 중인 1939년 핵무기
연구에 관한 서한에 서명함으로써 '맨해튼계획' 수립에 영향을 미쳤지만,
히로시마 원폭투하에 충격을 받아 핵무기폐기운동에 동참했고, 비무장세
계정부 수립을 위한 운동에도 적극 참여했다. 미국에서는 그를 기념하여
아인슈타인 상을 마련하고 해마다 2명의 과학자에게 시상하고 있다.

서문 **브라이언 그린** Brian Greene

물리학자이자 세계적인 초끈이론의 선구자. 수학 신동으로 12세에 이미
고등수학 수준을 넘어 대학교수들에게 개인지도를 받았다. 하버드대학교
를 졸업하고 옥스퍼드대학교에서 로즈장학생으로 박사학위를 받았으며,
현재 컬럼비아대학교의 물리학 및 수학 교수로 재직하고 있다. 세계를 돌
아다니면서 기초물리학 및 고급물리학을 강의하고 있으며, 초끈이론을
이끄는 물리학자로 명성을 날리고 있다. 그의 저작 중 베스트셀러인 《엘
러건트 유니버스》는 퓰리처상 최종후보에 오르기도 했다. 이 외에도 《우
주의 구조》《멀티 유니버스》《엔드 오브 타임》 등을 저술했다.

옮긴이 **고중숙**

서울대학교 화학과를 졸업하고 미국 애크론대학교에서 레이저분광학
을 전공하여 박사학위를 받았다. 순천대학교 화학교육과 교수로 재직
했다. 저서로 《아인슈타인, 시간여행을 떠나다》《고중숙 교수의 과학 뜀
틀》《문과생도 이해하는 $E=mc^2$》 등이 있으며, 옮긴 책으로는 《아인슈타
인의 우주》《불완전성》《나의 행복한 물리학 특강》 등이 있다.

상대성이란 무엇인가

The Meaning of Relativity

by Albert Einstein

©Princeton University Press All rights reserved.

Korean translation rights © 2011 Gimmyoung Publishers, Inc.
Korean translation rights are arranged with Princeton University Press through EYA
(Eric Yang Agency).

상대성이란 무엇인가

알베르트 아인슈타인

브라이언 그린 서문 | 고중숙 옮김

The
MEANING
of
RELATIVITY

상대성이란 무엇인가

1판 1쇄 발행 2011. 4. 25.
1판 3쇄 발행 2022. 10. 26.

지은이 알베르트 아인슈타인
옮긴이 고중숙
기 획 이인식

발행인 고세규
발행처 김영사
등록 1979년 5월 17일(제406-2003-036호)
주소 경기도 파주시 문발로 197(문발동) 우편번호 10881
전화 마케팅부 031)955-3100, 편집부 031)955-3200 | 팩스 031)955-3111

이 책의 한국어판 저작권은 에릭양 에이전시를 통해 저작권사와 독점 계약한 김영사에 있습니다.
신 저작권법에 의해 한국 내에서 보호를 받는 저작물이므로 무단 전재와 무단 복제를 금합니다.

값은 뒤표지에 있습니다.
ISBN 978-89-349-5064-6 04420

홈페이지 www.gimmyoung.com   블로그 blog.naver.com/gybook
인스타그램 instagram.com/gimmyoung   이메일 bestbook@gimmyoung.com

좋은 독자가 좋은 책을 만듭니다.
김영사는 독자 여러분의 의견에 항상 귀 기울이고 있습니다.

이 책의 1판은 아인슈타인이 1921년 5월 프린스턴대학교에서 있었던 스태포드소강연의 원고를 모아 1922년 영국의 메튜엔출판사와 미국의 프린스턴대학교출판부의 공동 작업으로 발간되었다.

아인슈타인은 2판을 위해 1921년 이후 진전된 상대성이론에 대한 논의를 부록으로 덧붙였다(부록 I). 또한 3판을 위해서 중력의 일반 이론에 대한 부록 II를 덧붙였으며, 이는 5판에서 새롭게 개편되었다.

프린스턴대학교 스태포드 소강연

1921년 5월

옮긴이 일러두기

1. 상대성이론에 대해 이야기할 때 '시간과 공간'이라는 표현이 자주 나온다. 이에 대해 영어에서는 흔히 'space and time'으로 나타내며 직역하면 '공간과 시간'이 된다. 하지만 우리는 보통 '시간과 공간'에 더 익숙하기 때문에 예외적인 경우가 아닌 한 '시간과 공간'으로 옮겼다. 또한 이를 한 단어로 나타낸 'spacetime'도 직역하면 '공간시간' 또는 '공시간'이 되지만 우리의 일반적 용법에 따라 '시공간' 또는 '시공'으로 옮겼다.

2. 상대성이론은 아인슈타인이 1905년에 발표한 '특수상대성이론'과 1915년에 발표한 '일반상대성이론'의 통칭이다. 다만 상황에 따라 이 가운데 하나를 가리키기도 하므로 그런 때는 문맥에 비추어 가려야 한다. 상대성이론을 '상대론'으로 줄여 부르기도 한다. 상대성이론은 특수상대성이론과 일반상대성이론의 통칭으로 주로 쓰이는 반면, 상대론에는 철학적인 의미가 내포되어 있기 때문에 어의가 더 넓다고 할 수 있다.

3. '상대성원리'와 '상대성이론'을 구별해야 한다. 상대성원리는 상대성이론을 구축하는 데에 핵심적인 역할을 하는 한 원리를 가리킨다. 정확한 내용은 간단히 설명하기가 곤란하고 어차피 본문에서 자세히 다룰 것이기 때문에 여기에서는 서로 구별해야 한다는 점만 지적해둔다.

4. 물리학에서 'covariant(covariance)'라는 영어는 '불변不變'과 '공변共變'이라는 두 의미로 쓰이지만 모두 '공변'으로 옮기는 경우가 많다. 이 책에서는 혼란을 피하기 위해 구별해서 옮겼다.

5. 보통 'speed'는 '속력' 'velocity'는 '속도'로 옮긴다. 하지만 '온도, 농도, 고도, 밀도……'에서 보듯 '~도度'는 본질적으로 스칼라scalar를 나타내는 용어이며, '중력·전기력·자기력·마찰력……'에서 보듯 '~력力'은 본질적으로 '벡터vector'를 나타내는 용어이다. 이에 따라 이 책에서는 스칼라인 speed는 '속도', 벡터인 velocity는 '속력'으로 옮겼다. 한편 'acceleration'은 스칼라와 벡터를 함께 나타내고 구체적으로는 문맥에 따라 구별하므로 이 책에서도 '가속도'나 '가속력'으로 구별하지 않고 '가속'으로 옮겼다.

Contents

서문 • 8

1	**상대성이론 이전의 시간과 공간**	39
2	**특수상대성이론**	73
3	**일반상대성이론 I**	119
4	**일반상대성이론 II**	155

부록1 / 우주론문제 • 201
부록2 / 상대론적 비대칭장론 • 237
옮긴이의 글 • 287
찾아보기 • 299

아인슈타인의 위대한 유산

브라이언 그린*

* 현대 물리학의 핵심 주제인 '일반상대성이론과 양자역학의 통합' 문제에 있어 가장 영향력 있는 해답을 제시하고 있는 '초끈이론'의 세계적 권위자.

알베르트 아인슈타인Albert Einstein, 1879~1955의 특수상대성이론Special Theory of Relativity과 일반상대성이론General Theory of Relativity은 10년이라는 시간 간격을 두고 발표되었다. 이를 통해 인류는 수천 년 동안 품어왔던 시간과 공간에 대한 관념을 일거에 혁신했다. 그러나 여전히 많은 사람들이 과학계에서는 이미 반증되어 폐기된 옛 시간과 공간 관념을 고수하고 있다. 즉 공간은 우주의 온갖 사건들이 펼쳐지는 불변의 무대로, 시간은 지구나 화성은 물론 안드로메다 은하계든 어디든 물리적 조건과 환경에 상관없이 일정하게 똑딱거리는 시계인 것이다. 그래서 우리들 대부분은 시간과 공간의 영원불변성을 존재의 가장 기본적인 토대로 생각한다. 하지만 이런 아인슈타인 이전의 관점은 이론적으로 지지될 수 없을 뿐만 아니라, 여러 실험을 통해 명백한 오류로 판명났다.

전문적인 물리학자라면 상대성이론에 익숙해지는 것이 그리 어려운 일은 아닐 것이다. 상대성이론의 놀라운 방정식들은 한때 난해한 수학 언어로 씌어졌지만, 이제 물리학자들은 상대성이론을 물리학의 근본적인 문법이 되는 수학으로 재편했다. 이 체계 안에서 제대로 정리된 수식들은 상대성이론의 전모를 드러낸다. 따라서 몇 가지 수학적 규칙만 정복하면 누구나 아인슈타인의 이론을 기술적인 부분에서 능숙하게 다룰 수 있다.

그러나 상대성이론이 이처럼 수학적으로 잘 체계화되었다 하더라도 대부분의 물리학자들은 여전히 이를 '뼛속 깊이' 절감하지 못한다. 나만 하더라도 '시간과 공간은 서로 분리되어 전적으로 독립적'이라고 이해한 아이작 뉴턴Isaac Newton, 1642~1727의 익숙하지만 잘못된 사고방식을 완전히 떨쳐내지는 못한다. 하지만 또 동시에 간결하게 정리된 수식에 숨겨진 상대성이론의 구체적 면면들을 신중하게 숙고할 때면 어김없이 맞닥뜨리는 '상대성의 참된 의미'의 경이로움에 고개를 숙이지 않을 수 없다. 아인슈타인 이전까지 시간과 공간은 실체의 무대 그 자체였다. 그러나 상대성이론은 바로 그 무대에서 세상을 뒤흔드는 혁명을 일으켰고, 실체에 대한 인류의 관념은 근본부터 허물어졌다.

상대성이론은 과연 무엇인가?

1905년 아인슈타인은 독일의 《물리학 연보Annalen der Physics》에 뒷날 특수상대성이론이라고 불리게 되는 논문을 발표했다. 사실 "움직이는 물체의 전기역학에 대하여On the Electrodynamics of Moving Bodies"라는 제목은 그다지 눈길을 끌지 않았다. 하지만 이것은 그가 열여섯 살부터 의문을 품고 고민해온 '빛의 운동을 묘사하는 수식'에 대한 고집스럽고 고통스러운 지적 사고의 결과물이었다.

그 수식은 1860년대 영국의 물리학자 제임스 맥스웰James Maxwell, 1831~1879이 도출한 것이었다. 맥스웰의 방정식은 뉴턴의 방정식이나 일반적인 상식과 달리, 광속은 우리가 가만히 있든 광원에 다가가든 광원에서 멀어지든 상관없이 눈곱만큼도 느려지거나 빨라지지 않고 늘 일정하다는 것이다. 19세기 말부터 20세기 초에 걸쳐 수많은 과학자들은 바로 이 광속의 일정불변성 때문에 골머리를 앓았다. 왜냐하면 이것이 맥스웰 방정식으로부터 유도되고, 또 정밀한 실험들을 거쳐

재차 확인되었음에도 불구하고, 우리의 일반 상식과 도무지 부합하지 않았기 때문이다.

맞은편에서 오는 차를 향해 우리가 다가갈 때와 차가 우리를 지나쳐 우리에게서 멀어질 때 차의 속도는 다르게 보인다. 그런데 왜 광속은 우리가 광원으로 다가갈 때 빨라지지 않고 광원에서 멀어질 때 느려지지 않는 것일까? 온 세상을 뒤흔든 아인슈타인의 이론은 이런 단순한 의문에서 시작되었다.

속도는 거리를 시간으로 나눈 것으로, 본질적으로 시간과 공간의 관념에 얽혀 있다. 그래서 아인슈타인은 직관적으로 타당해 보이는 뉴턴의 관점을 버리고, 시간과 공간은 고정된 것이 아니라 변화하는 것으로 보았다. 즉 아인슈타인은 시간과 공간은 말랑말랑하고 신축적인 고무와 같은 것으로, 광원이나 관측자의 운동과 무관하게 광속이 일정하게 유지되도록 스스로 변화한다는 점을 밝혔다.

실제로 이 사실은 현실에서 어떻게 보일까? 자동차, 비행기 등이 움직일 때 그 물체 자체의 길이를 측정해보면 정지해 있을 때보다 짧다는 것을 알 수 있다. 또한 이동 중 시계의 시간을 관찰하면 그 시간은 정지 상태에서보다 느리게 흐른다. 요컨대 움직임이 있는 조건 하에서 움직이고 있는 물체의 경우, 그 물체 자체의 길이는 짧아지고 시간은 느려진다.

그런데 이런 시간과 공간의 경이로운 속성은 1905년까지 완벽하게 베일에 싸여 있었다. 왜냐하면 움직이는 환경의 속도가 광속에 근접할 정도로 예외적이고 특별한 경우가 아니라면, 그 차이가 너무나 미미하여 일상 속에서 우리가 알아차리기란 거의 불가능하기 때문이다. 하지만 아인슈타인은 탁월한 천재성을 발휘하여 이처럼 일상적 감각을 초월한 시간과 공간의 참 속성을 밝혀냈다.

일반상대성이론은 특수상대성이론을 토대로 하여 이루어졌지만, 아인슈타인이 이를 완성하는 데에는 10년이 넘는 시간이 걸렸다. 이것 역시 이미 오래 전 뉴턴이 확립한 통찰을 면밀히 검토하던 중 발견한 치명적인 약점이 계기가 되었다. 여기서 아인슈타인의 의문의 초점은 '중력'이었다. 특히 그 핵심은 "중력은 얼마나 빨리 (대상 물체에) 전해지는가?"였다.

특수상대성이론에 따르면 물체, 신호, 정보 등 우주의 그 무엇도 광속보다 빨리 대상 물체에 가 닿을 수 없다. 하지만 뉴턴의 만유인력의 법칙에 따르면 중력은 무한대의 속도로 대상 물체에 전해진다. 따라서 태양과 같은 큰 천체가 발휘하는 중력은 행성들에 즉각적으로 전해진다. 예를 들어 태양의 질량이나 위치가 어느 순간 갑자기 변했다고 해보자. 그러면 뉴턴의 이론에 따를 경우 중력은 무한대의 속도로 전해지므로 지구에 대한 인력은 즉각 변한다.

일반적인 물체들의 속도에 비하면 광속은 엄청난 속도이다. 하지만 이런 광속도 무한대의 속도와 비교하면 아무것도 아니다. 아인슈타인을 자극한 것은 뉴턴의 방정식과 관측 결과 사이의 모순이 아니라, 중력에 대한 뉴턴의 서술과 아인슈타인 자신이 내놓은 특수상대성이론 사이의 모순이었다. 아인슈타인과 같은 정통 이론가에게 있어서 다른 학자와의 이런 이론적 모순은 이론과 관측 사이의 모순 못지않게 중요한 일이다.

이 모순은 빨리 해결되지 않았다. 5년이라는 시간 동안 그 문제로 고민하던 아인슈타인은 1912년 친구인 아르놀트 조머펠트Arnold Sommerfeld, 1868~1951에게 "중력에 관한 연구에 비하면 특수상대성이론은 어린애 장난에 지나지 않습니다"라는 편지를 썼다. 그리고 중력 연구에 맹렬히 매진했다.

그는 중력의 작용 방식을 이해하며 나아가자는 전략을 펼쳤다. 도대체 태양은 1억 5,000만 킬로미터나 떨어진 지구에 어떻게 중력을 발휘하는 것일까? 태양과 지구는 서로 접촉하지 않는다. 그렇다면 우리가 중력이라고 부르는 힘은 어떻게 그 엄청난 거리의 텅 빈 공간을 가로질러 영향을 미치는 것일까? 사실 뉴턴 자신도 이미 이 문제점에 대해 알고 있었으며, 스스로 해답을 찾지 못하여 《프린키피아Principia》에 이를 "독자들의 숙고에 맡긴다"라고 썼다.

하지만 이후 이 책을 읽은 수많은 사람들은 이 문제를 제기한 뉴턴의 글을 읽고 그냥 지나쳤을 뿐 해결하려고 하지 않았다. 하지만 아인슈타인은 달랐다. 그는 중력의 작용 방식을 제대로 이해할 수만 있다면, 200년이 넘도록 풀리지 않은 채 특수상대성이론이 설정한 제한속도와 상충하는 뉴턴 이론의 문제점을 분명히 해결할 수 있을 것이라는 희망을 품고 문제 해결에 도전했다.

아인슈타인의 바람은 이론적 체계의 기초가 잘 세워지면서 점점 현실화되었다. 1915년 마침내 아인슈타인은 일반상대성이론을 발표하여 중력을 전달하는 매체는 시공간의 구조 자체임을 밝혀냈다. 예를 들어 트램펄린 위에 커다란 돌을 올려놓으면 움푹 패면서 휘어진다. 그런 뒤 그 위에 작은 공을 굴리면 공은 트램펄린의 휘어진 막을 따라 곡선을 그리며 중심부로 움직인다. 여기에서 커다란 돌은 우주 공간의 태양, 지구, 중성자성과 같은 무거운 천체에 해당한다. 이들의 질량 때문에 우주의 공간은 휘어지고 그 주변에서 움직이는 다른 물체들은 작은 공과 같이 그 운동에 영향을 받는다.

단적인 예로 일반상대성이론에 따르면 지구는 태양의 존재 때문에 휘어진 시공간 구조의 계곡을 따라 움직이는데, 관측자에게는 이 현상이 바로 중력의 효과로 보인다.

이것은 충격적일 만큼 너무나 놀라운 제안이었다. 아인슈타인은 특수상대성이론을 통해 시간과 공간이라는 우주의 뼈대가 일반적으로 상상할 수 있는 견고한 구조물로 해체될 수 없는 것임을 밝혔다. 그런데 일반상대성이론에서는 더 나아가 우주의 뼈대가 물질과 에너지의 존재에 감응하여 그 형상을 바꾸며, 이렇게 바뀐 형상은 또한 그 안에서 움직이는 물체들의 운동에 영향을 미친다고 말하는 것이다. 아인슈타인에 따르면 시간과 공간은 우주의 진화에 관해 방관자가 아니라 중요한 참여자이다.

기존의 관점을 뿌리부터 뒤흔드는 이런 제안은 실험적 증거를 통해 옳음을 증명해야 한다. 일반상대성이론의 배경에 자리하고 있는 수학적 구도는 독일의 수학자 베른하르트 리만Bernhard Riemann, 1826~1866이 19세기에 내놓은 기하학적 통찰에서 많은 영향을 받았다. 일반상대성이론은 이 수학적 통찰을 통해 물체가 중력의 영향을 받아 어떻게 움직이는지(시공간의 만곡이 물체의 운동에 어떻게 영향을 미치는지)에 대해 자세히 예측할 수 있다. 이런 일반상대성이론과 뉴턴의 중력이론이 내놓는 예측을 관측 자료들과 비교해보면, 항상 일반상대성이론이 현상을 설명하는 데 더 적합하다는 사실을 확인할 수 있다.

이것으로 일반상대성이론이 뉴턴의 중력이론을 능가함을 입증했다. 특히 주목해야 할 것은 일반상대성이론을 기초로 하여 공간의 만곡을 통해 전해지는 중력의 속도를 계산했을 때 만족스러운 결과가 도출되었다는 것이다. 뉴턴의 이론에서 중력은 아무리 먼 거리에서라도 즉각 작용한다. 하지만 일반상대성이론에 따르면 중력은 정확히 광속으로 전해지며, 이는 그 무엇도 광속을 초월할 수 없다는 특수상대성이론의 핵심적인 명제를 완벽하게 충족시키는 것이다.

아인슈타인은 일반상대성이론을 1915년에 발표했다. 이 해는 논란의 여지가 있기는 하지만 시간과 공간에 대한 인류의 이해에 있어 가장 중요하고 획기적인 해라고 할 수 있다. 일반상대성이론에 비추어보면 특수상대성이론은 물질과 에너지가 없는 특수한 상황, 곧 중력이 없는 시간과 공간에 대한 이론이다. 아인슈타인은 여기에 중력을 추가하면 시공간에 전혀 예기치 못한 유동성과 융통성이 생겨난다는 점을 발견했다.

* * *

상대성이론이 발표된 이후 100년의 세월 동안 아인슈타인이 열어젖힌 돌파구는 더욱 깊이 천착되었고, 우주에 대한 이해 역시 한층 성숙해지고 깊어졌다. 다음에서는 특히 그 과정 중 꼭 짚어야 할 다섯 가지를 집중적으로 조명해본다.

첫째, 실험적 측면에서 많은 발전이 있었다. 상대성이론에 대한 초기의 실험적 검증은 다소 간접적이었다. 일반상대성이론은 태양을 스치는 별빛이 태양의 중력 때문에 휘어질 것이라고 예언했다. 때마침 1919년에 일식이 일어났고, 두 관측 팀이 이 현상을 의문의 여지없이 확인함으로써 아인슈타인의 예측을 검증하여 일반상대성이론의 신빙성은 온 세상에 알려졌다. 하지만 운동이나 중력에 의해 시간의 흐름이 달라질 수 있다는 등의 특이한 예측들에 대한 직접적인 검증은 후일을 기약할 수밖에 없었다.

우주선이 대기권 상층부의 공기 분자들과 충돌하면 수명이 아주 짧은 뮤온muon이라는 입자가 만들어진다. 그런데 정지한 관찰자가 볼 때 속도가 매우 빠른 뮤온의 시간은 상대적으로 천천히 흐르기 때문에, 뮤온은 짧은 수명에도 불구하고 대기권 상층부에서 만들어진 뒤 지표면까지 떨어져서 검출될 수 있는 것이다. 뮤온과 관련된 이런 현상은 상대성이론의 직접적 검증에 한 걸음 더 다가간 것으로 볼 수 있다.

그러나 100만 분의 1초 정도에 불과한 뮤온의 수명을 고려해볼 때, 상대성이론을 일상에서 확인하는 길은 단지 이론적으로만 가능할 뿐 실제로는 불가능한 일처럼 여겨졌다. 1971년 조지프 해플과 리처드 키팅은 이 간극을 메우기 위해 긴 여행을 떠났다. 그들은 정확도가 극히 높고 모든 면에서 똑같은 두 개의 원자시계를 준비하여 하나는 지상에, 다른 하나는 팬암 항공사 제트기의 객석에 묶어두고서, 지구를 돌며 두 시계의 시간을 비교했다. 비행기는 움직일 뿐 아니라 지구의 중심에서 비행 고도만큼 높이 떨어져 있기 때문에, 이에 미치는 중력은 지표면에서의 중력보다 아주 미미한 정도이지만 더 약하다고 할 수 있다. 그렇기 때문에 상대성이론에 따라 비행이 끝난 뒤 두 시계를 비교했을 때 제트기에 묶여 여행을 한 시계는 지상의 시계보다 몇 십억 분의 1초라도 느려져 있어야 한다. 실험 결과는 예상한 대로였다. 이것은 실제의 시간도 운동과 중력의 영향을 받아 느려진다는 상대성이론의 결론에 대한 직접적인 증명이었다.

둘째, 첫째와 연장선에 있기는 하지만, 상대성이론의 보다 미묘한 결론들을 검증하기 위한 새로운 실험들이 계속 진행되고 있다는 점이다. 상대성이론에 따르면 질량이 큰 물체는 시공간의 구조를 휘게 함은 물론 회전할 경우 시공간을 끌어당겨 마치 소용돌이처럼 비틀 수도 있다.

과학자들은 이것을 직접 증명하기 위해 중력탐사선BGravity Probe B라는 인공위성에 지구상에서 가장 정확하게 제작된 자이로스코프를 실어, 지상 수백 킬로미터 위의 궤도로 쏘아 올렸다. 이 자이로스코프의 회전축은 애초에 멀리 떨어진 항성恒星에 맞춰져 있었다. 하지만 지구의 자전이 시공간을 아주 조금씩 비트는 효과가 누적되면서, 1년여의 시간이 지난 후에는 수십만 분의 1도 이상 기울어지게 된다. 물론 이렇게 미미한 각도를 측정한다는 것은 어려운 문제이다. 하지만 지난 40년 사이에 눈부신 기술의 발전으로 실험가들은 과학적 측정을 통해 확증할 수 있게 되었다.

또 다른 아주 까다롭지만 흥미로운 실험은 중력파 검출 실험이다. 일반상대성이론에 따르면 무거운 물체가 움직일 때는 마치 연못에 던진 돌이 물결을 일으키듯 시공간의 구조에 파동을 만든다. 이처럼 물결치는 공간의 파동이 지구를 지나가면 모든 물체는 먼저 어느 한쪽은 늘어나고 다른 쪽은 줄어들었다가 이어서 반대로 신축되며 변한다.

하지만 중력파 검출하기는 까다롭고 어려운 일이다. 떨어지는 컵, 두 자동차의 충돌, 폭약의 폭발과 같은 보통의 사건에서 발생되는 중력파는 그 자체가 너무나 미미하다. 또 초신성이 만들어지거나 블랙홀들이 충돌하는 것과 같은 거대한 천문학적 사건에서 발생되는 중력파는 발생 당시는 강하지만, 먼 거리를 지나 지구에 도착할 때쯤이면 역시 미미해진다. 과학자들의 계산에 따르면, 현재 가장 강력한 천문학적 사건이 천문학적 거리에서 일어날 경우 지구에 있는 1미터 길이의 물체는 1센티미터의 10억 분의 1의 100만 분의 1만큼 신축한다. 이것은 충돌에 의한 중력파 검출이 얼마나 어려운지를 짐작하게 한다.

하지만 현재 미국에서는 이론적으로 계산했을 때 이렇게 미미한 신축도 검출할 수 있는 중력검출기가 가동되고 있다. 세계적으로도 몇 대가 더 가동 중이며 또 증설을 위해 건설 계획 중에 있다. 이 실험은 일반상대성이론의 남은 귀결들을 증명한다는 것 이상의 아주 중요한 의의를 가진다. 중력파는 본질적으로 미약하기 때문에 가시광선을 포함하는 넓은 범위의 전자기파가 침투할 수 없는 곳도 투과할 수 있다. 그렇기 때문에 중력파가 검출되면 전자기파가 아니라 중력파를 이용하는 새로운 천문학이 탄생할 가능성이 농후해진다. 심지어 일부 물리학자들은 중력파를 이용하면 빅뱅 자체를 되

돌아볼 수 있을 것이라고도 한다.

  셋째는 아인슈타인이 일반상대성 이론을 발표한 뒤 얼마 지나지 않아, 독일의 물리학자이자 천문학자인 카를 슈바르츠실트Karl Schwarzschild, 1873~1916는 독특한 결론을 내렸다. 그에 따르면, 예를 들어 지구가 지름 2센티미터 정도의 작은 공으로 압축될 정도로 많은 물질이 작은 공간에 밀집되면, 이로 인한 시공간의 왜곡이 너무 커서 그 무엇도 심지어 빛마저도 그 강한 중력을 뿌리치고 탈출할 수 없다는 것이다.

  아인슈타인은 이 결론에 놀란 나머지 슈바르츠실트가 설정한 조건은 현실적으로 불가능하다고 생각했다. 하지만 오늘날 지상과 지구 궤도에 설치된 고성능 망원경들로 관찰한 결과에 의하면, 우주에는 매우 강한 중력장으로 주변의 물질을 끌어들이는 물체들이 아주 많다. 이 물체들에 빨려 들어가는 물질들은 온도가 극도로 높아지면서 엄청난 에너지를 방출하는데, 특히 그 와중에서 뿜어져 나오는 엑스선의 스펙트럼은 별의 외곽에서 방출될 것이라는 슈바르츠실트의 예상이 정확히 일치했다. 슈바르츠실트는 이 별을 검은 별dark star이라고 불렀고, 나중에 이 별은 물리학자 존 휠러John Wheeler, 1911~2008에 의해 블랙홀black hole이라고 명명되었다. 그리고 오늘날 누구에게나 친숙한 이름으로 알려지게 되었다.

이런 관측 결과들에 따르면, 블랙홀이 실제로 존재한다는 것에는 의문의 여지가 없다. 오늘날 천문학자들은 많은 은하들의 중심에 거대한 블랙홀이 있다고 믿는다. 예를 들어 우리 은하계에도 태양보다 300만 배 이상 무거운weighing 블랙홀이 존재한다는 관측 증거가 있다. 블랙홀과 관련해서 "블랙홀의 깊은 심연에서 어떤 일이 벌어지고 있는가?"라는 의문은 사반세기가 지나도록 해결되지 않고 있다. 일반상대성이론에 의하면 블랙홀의 중심에서는 시간이 끝나는 것처럼 보인다. 하지만 그 의미가 무엇인지에 대해서는 누구도 알 수 없으며, 양자역학적 분석이 이를 지지할지에 대해서도 전혀 알 수 없다. 이 문제의 해답을 찾는다면 우리는 시간과 공간의 근본적 속성에 대해 더욱 깊은 통찰을 얻게 될 것이다.

넷째는 물질이 모여 별이나 성운처럼 거대해지면 중력이 지배적인 힘으로 부상한다는 점이다. 따라서 일반상대성이론이 본격적인 활약을 펼칠 주 무대는 이런 대상들이 가장 큰 집합을 이루는 '우주' 자체이다. 우주론은 우주의 기원과 진화를 연구하는 분야로, 일반상대성이론이 그 면모를 일신시킨 것은 놀라운 일이 아니다.

1915년까지 수많은 철학자와 신학자들이 다양한 우주론들을 끊임없이 제기했다. 하지만 일반상대성이론이 나타난 뒤

우주론은 엄밀한 과학의 영역으로 편입되었다. 하지만 아인슈타인은 이후 몇 년 동안의 연구 과정에서 일반상대성이론에서 도출되는 우주론이 예상과 전혀 다르다는 점을 깨닫게 되었다. 무엇보다 먼저 정적인 우주는 아인슈타인의 방정식을 충족시킬 수가 없다.

우주는 정지해 있지 않고, 끊임없이 팽창하거나 수축한다. 자신 역시 보기 드문 이단자였지만, 아인슈타인은 이 결론을 도저히 받아들일 수 없었다. 거시적 관점에서 본다면 우주는 분명히 '영원불변'이다. 그래서 그는 1917년 자신의 방정식에 '우주상수cosmological constant'를 삽입하여 일반상대성이론의 이 말썽 많은 암시를 없애려고 했다. 우주 전체에 균일하게 존재하는 반발력을 뜻하는 이 상수는 우주를 안으로 당기는 인력과 정확히 균형을 이루어 우주를 정지시킬 수 있다.

하지만 당시의 과학자들 중 아인슈타인의 이런 처치에 동의하지 않는 사람들도 있었다. 그중 주목할 만한 사람으로는 벨기에의 신부 조르주 르메트르Georges Lemaître, 1894~1966와 러시아의 수학자이자 기상학자인 알렉산더 프리드만Alexander Friedman, 1888~1925을 들 수 있다. 1920년대에 이들은 각자의 신념을 토대로 일반상대성이론의 우주상수에 대한 다양한 가능성들을 검토했다.

1929년에 모든 이론적 연구들은 마침내 중요한 고비에 다다랐는데, 이로 인해 이 해는 우주론에서의 역사적 분기점이 되었다. 즉 에드윈 허블Edwin Hubble, 1889~1953이 이 해에 윌슨산천문대에 설치된 지름 100인치의 거대한 망원경으로 관측한 자료들을 분석하여, 머나먼 성운들이 지구로부터 떨어진 거리에 비례하는 속도로 우리로부터 멀어져가고 있다는 사실을 밝혀낸 것이다. 그런데 이 결론은 르메트르와 프리드만이 우주상수 없이 얻어낸 수학적 결론과 정확하게 일치한다. 이것은 우주의 조직이 시간과 함께 늘어나고 있다는 뜻이다.

만일 아인슈타인이 스스로 세운 일반상대성이론의 함의를 액면 그대로 받아들였다면, 이처럼 우주가 팽창한다는 사실을 관측보다 10여 년 앞서 예언할 수 있었을 것이다. 오늘날 천문학은 관측과 이론 연구 양자가 함께 활발히 진행되고 있는 분야가 되었고, 세계 각지에서 르메트르와 프리드만의 연구를 더욱 세련되게 뒷받침하는 이론들이 제시되고 있다. 이모두는 궁극적으로 일반상대성이론에 근거를 두고 있다. 그리고 그 결과로부터 지난 10년 사이에 이루어진 물리학 역사상 가장 중요한 발견이 이루어졌다.

허블의 관측 이후 수많은 후속 연구들이 그의 결론을 지지

함에 따라 물리학계는 우주가 팽창하고 있다는 사실을 믿게 되었다. 하지만 중력은 모든 사물을 잡아당기는 인력이므로, 사람들은 중력 때문에 우주의 팽창 속도가 차츰 느려질 것이라고 예상했다. 그리하여 "얼마나 빨리 우주의 팽창속도가 느려지는가?"라는 흥미로운 의문이 새롭게 부각되었다. 그런데 이 문제는 "우주에 얼마나 많은 물질이 있는가?"라는 의문과 직결된다. 물질이 많이 있다면 중력이 커지고 그에 따라 팽창속도도 더 빨리 느려질 것이기 때문이다.

이를 밝히기 위해 1990년대 중반 두 연구팀이 조직되었다. 하나는 사울 펄뮤터Saul Perlmutter가 이끄는 초신성우주론프로젝트Supernova Cosmology Project 팀이고, 다른 하나는 브라이언 슈미트Brian Schmidt가 이끄는 고편이高偏移초신성탐사계획High-z Supernova Search Program 팀이었다.

그런데 1990년대 후반 두 팀 모두 우주의 팽창 속도는 느려지지 않는다는 결론을 내렸다. 더 놀라운 사실은, 먼 거리에 있는 초신성들의 관측 결과로 볼 때 지난 70억 년 동안 우주의 팽창은 느려지기는커녕 오히려 가속적으로 빨라졌다는 사실이었다. 어떻게 이런 일이 있을 수 있을까? 과학자들은 아직도 이 문제와 씨름하고 있다.

이 문제에 대한 여러 설명 중 가장 유력시되는 이론은 다시 1917년으로 돌아간다. 만일 우주가 정확히 딱 맞는 값의 우주상수를 가졌다면, 약 70억 년 전까지 응집된 우주상수에 의한 반발력은 물질들이 모여 발휘하는 통상적인 중력의 인력에 압도되어 힘을 잃었을 것이다. 하지만 우주가 팽창하면서 물질들이 흩어져 엷어짐에 따라 중력의 힘은 서서히 약해졌으며, 결국 약 70억 년 전을 기점으로 우주상수에 의한 반발력이 우위를 점하게 되었다. 일단 이 단계를 지나면 이후의 이야기는 뻔하다. 별다른 일이 없는 한 최근의 관측 결과에서 보듯 이 반발력 때문에 우주의 팽창은 끊임없이 가속된다.

요컨대 정적인 우주를 만들기 위해 인력에 맞서는 반발력을 발휘하도록 아인슈타인이 1917년에 도입한 우주상수라는 '큰 실수blunder'는 실제로 옳은 조치였던 것이다. 만일 우주의 팽창이 이대로 계속된다면, 비록 아인슈타인이 계산한 우주상수의 값은 오류이지만(아인슈타인은 커지는 값이 아니라 중력에 맞서는 값으로 설정하였기 때문이다) 아이디어 자체는 옳았던 셈이다. 현재까지 우주의 팽창속도에 대해 행해진 검토에 따르면 우주가 가진 에너지의 약 70퍼센트가 우주상수로 설명된다. 그렇다면 이 신비로운 미지의 요소가 우주 에너지의 대부분을 차지하고 있는 셈이 된다. 이에 따라 과학자들은 이 불가사의한 에너지의 본질을 이해하는 것을 물리

학과 우주론의 가장 중요한 주제로 생각하게 되었다.

* * *

아인슈타인은 특수상대성이론을 통해 시간과 공간이 시공간이라는 하나의 요소로 통합된다는 것을 보여주었다. 또 일반상대성이론을 통해 중력은 시공간의 만곡에 의한 효과에 지나지 않는다는 것도 보여주었다. 그런 뒤 그는 이와 같은 기하학적 구도를 더욱 확장하여 또 다른 힘에 대한 의문, 곧 "전자기력까지 통합할 수 있는 길이 없는가?"라는 의문을 품게 되었다.

이는 대담한 꿈이었다. 아인슈타인은 단 하나의 원리 또는 방정식으로 표현되는 단일한 이론에 의해 우주의 모든 힘을 서술할 수 있을지도 모른다고 생각했다. 그는 남은 30여 년의 삶을 이 문제 해결을 위해 열정적으로 바쳤다. 언젠가 뉴욕타임스는 아인슈타인이 통일장이론Unified Field Theory의 정립에 성공했다는 뉴스를 전하기도 했다. 하지만 아인슈타인은 이후 관찰한 새로운 결과들을 면밀히 검토하면서 아직은 원하는 결과와 목표에 도달하지 못했음을 알게 되었다.

그러나 거듭되는 실패에도 불구하고 통일장이론에 대한 믿음은 위축되지 않았다. 실제로 1955년 마지막으로 프린스턴 병원의 병상에 몸져누웠을 때조차, 그는 통일장이론의 방정식이 떠오를지도 모른다는 희망을 버리지 않고 종이와 연필을 부탁하여 많은 수식을 써 내려갔다. 하지만 안타깝게도 자신의 바람을 이루지는 못했다.

아인슈타인이 세상을 떠나고 난 뒤 한동안 통일장이론의 꿈도 그와 함께 스러지는 듯했다. 그러나 1960년대 말과 1970년대 초 무렵 상황이 변했다. 오늘날 방사능과 관련된 핵력으로 알려진 약력弱力, weak force에 대해 아인슈타인은 전혀 알지 못했다. 그런데 셸던 글래쇼Sheldon Glashow, 스티븐 와인버그Steven Weinberg, 압두스 살람Abdus Salam의 협동 연구로 전자기력과 약력이 전기약력electroweak force으로 통합되었고, 1970년대 말에는 실험적으로도 확증되었다. 1974년 글래쇼는 동료 하워드 조지Howard Georgi와 함께 다음 단계인 대통일이론Grand Unified Theory의 개발에 착수했다. 이는 원자핵의 입자들을 서로 결합하는 힘으로 알려진 강력強力, strong force을 전기약력과 함께 단일한 수학적 구조로 통합하고자 하는 이론이다. 이들이 만든 이론은 결국 실험적 검증에 실패하여 폐기되었지만, 많은 물리학자들은 조만간 다른 버전의 대통일이론이 실험적으로 확증될 것이라고 믿고 있다.

이렇게 아인슈타인이 품었던 꿈을 향해 많은 후배 물리학자들이 착실히 나아가고 있다. 하지만 유독 한 가지 사항에 대해서는 요지부동이었다. 중력을 통일이론에 포괄하기 위해 아인슈타인이 애착을 가지고 수십 년 동안 제기한 다양한 이론들이 모두 이론적으로 불완전하다고 판명되었던 것이다.

문제는 자연계의 근본적인 네 가지의 힘 가운데 중력을 제외한 다른 세 가지의 힘을 설명하는 양자역학이 본질적인 측면에서 중력에 대한 아인슈타인의 설명과 부합하지 않는다는 데 있다. 간단히 말하면 아인슈타인은 공간을 부드러운 기하학적 곡면으로 묘사했지만, 이런 이미지는 양자역학의 핵심적인 아이디어인 불확정성의 원리Uncertainty Principle와 정면으로 충돌한다.

1927년 독일의 물리학자 베르너 하이젠베르크Werner Heisenberg, 1901~1976는 양자역학의 본질상 어떤 상보적인 물리량들의 측정에는 피할 수 없는 한계가 존재한다는 사실을 발견했다. 그 한 예로서 불확정성의 원리에 따르면, 입자의 위치와 속력의 관계에 있어 입자의 위치를 정확히 측정할수록 속력은 불확실해지고, 반대로 속력을 정확히 측정할수록 위치는 불확실해진다. 이러한 불확정성 때문에 물리학자들이 양자요동quantum fluctuation이라고 부르는 현상이 초래된다. 간단히 말하자면 이는 입자들이 움직일 때 그 위치와 속력이 불확정성의 원리에 의해 불확실해지므로, 그 궤적도 이에 따라 불규칙적으로 요동한다는 뜻이다.

이 현상에 대해서는 실험적 연구가 많이 진행되었고, 그 결과 하이젠베르크의 불확정성의 원리는 정밀한 수준에서 정확하게 확증되었다. 그런데 불확정성의 원리를 보통의 입자가 아니라 중력에 적용하면 더 큰 문제가 나타난다. 아인슈타인의 묘사에 따르면 중력은 시공간의 만곡이므로 중력에서의 양자요동은 시공간 구조 자체의 요동이 된다. 물리학자들이 이 양자역학적 현상을 수학적으로 분석해본 결과, 미소한 시간과 공간의 범위에서 일어나는 양자중력요동이 매우 크게 나타났다. 따라서 이런 시공간은 아인슈타인이 일반상대성이론을 세우는 토대로 삼았던 매끈한 곡면과는 전혀 딴판이다. 이런 경우 시공간은 마치 뜨거운 가마솥의 물이 증기를 내뿜으며 들끓듯 온갖 방향으로 격렬하게 요동하기 때문에 아인슈타인의 방정식은 도무지 적용될 수 없다.

오랫동안 과학자들은 일반상대성이론과 양자역학 사이의 이 모순을 해소하기 위해 노력했다. 그러던 중 1970년대에 초끈이론Superstring Theory이 정립되고, 특히 1980년대에 들어 이 이론의 중요성과 효용성이 발견되고 나서야 비로소 해결

의 실마리가 포착되었다. 초끈이론은 '자연계를 이루는 근본 입자들이 공간을 차지하지 않는다'고 보았던 그때까지의 생각이 잘못이라고 했다. 대신 자연의 가장 근본적인 요소들은 일정한 에너지가 극히 작은 1차원의 선으로 꼬여 있을 것이라는 주장과 함께, 이를 충분히 확대하면 진동하는 끈처럼 보일 것이라고 설명했다. 여기에서 '충분히'라고 함은 현재 우리가 갖고 있는 가장 정교한 기기의 성능보다 수십억 배 이상의 강력한 성능을 뜻한다. 따라서 초끈이론에 비추어보면 그동안 물리학자들이 소립자를 점입자로 여긴 것도 충분히 이해할 만하다.

그런데 이처럼 점입자를 극미의 초끈으로 대치한다 하더라도 별로 달라질 것은 없어 보인다. 과연 정말 그럴까?

답은 '아니요'다. 초끈이론은 일반상대성이론과 양자역학을 성공적으로 결합했다. 이를 어떻게 이끌어냈는지를 자세히 설명하자면 너무 복잡하다. 간단하게 설명하자면, 초끈이론은 끈을 근본 요소로 도입하여 '점입자point-particle'라는 기존 개념을 받아들임과 동시에 더 확장시켜 '극미의 끈tiny-filament'이라는 새로운 개념을 만들어냈다. 이처럼 '점'을 '끈'으로 확장시킨다는 것은 초끈이론이 나오기 전에 상상해왔던(또한 계산을 하기 위해 수학적 모델로 꾸몄던) 공간의 미시적 구조를 더 확장시킨다는 뜻이기도 하다. 이렇게 되면 일반상대성이론과 양자역학을 갈라놓는 이론적 모순의 근본 요인인 격렬한 요동은 영향력을 잃게 된다. 이에 대해 실제로 구체적인 계산을 해보면 시공간의 격렬한 요동은 양자역학과 일반상대성이론이 서로 결합하여 수학적으로 일관된 양자중력이론을 만들기에 딱 맞을 정도로 잦아든다는 것을 확인할 수 있다.

초끈이론은 일반상대성이론과 양자역학을 결합하는 데에서 멈추지 않는다. 이 이론은 전자기력과 약력과 강력도 서로 대등하게 한데 묶어서 포괄할 수 있다. 언뜻 서로 다른 듯보이는 이 힘들은 초끈이론의 관점에서 보면 똑같은 끈이 서로 다른 방식으로 진동하는 모습들에 지나지 않는다. 마치 기타가 서로 다른 네 음으로 한 화음을 연주하는 것처럼, 자연계의 네 가지 근본 힘은 초끈이론의 음악 안에서 하나로 융합되는 것이다. 나아가 모든 물질들에 이런 해석은 똑같이 적용된다. 전자electron, 뉴트리노neutrino, 쿼크quark 등의 모든 입자들은 초끈이론에 따르면 온갖 다양한 방식으로 진동하는 초끈에 해당한다. 한마디로 모든 힘과 모든 입자가 초끈이론의 틀 안에서 똑같은 방식으로 융합한다. 이른바 통일이론Unified Theory이라면 바로 이런 게 아닐까?

끝으로 초끈이론은 우주의 조직이 3차원 이상의 차원을 가진다고 말한다. 이런 말은 다소 이상하게 들릴 것이다. 하지만 이것은 초끈이론 이전에 이미 언급된 적이 있으며, 아인슈타인도 한동안 이를 탐구했다.

1919년 독일의 수학자 테오도르 칼루차Theodor Kaluza, 1885~1954는 공간에 네 번째 차원을 덧붙여서 일반상대성이론을 재구성하여 새로운 방정식을 도출했다. 놀랍게도 이 방정식은 아인슈타인의 원래 방정식들은 물론 맥스웰의 전자기 방정식도 포괄할 수 있었다. 다시 말해서 공간의 네 번째 차원은 중력과 전자기력의 방정식들을 하나로 엮는 능력을 가지고 있다는 것이다. 아인슈타인은 잠시 망설였지만, 곧 두 가지의 힘을 새로운 차원을 통해 결합하는 이 이론의 열렬한 지지자가 되었다.

나중에 이 이론은 오스카 클라인Oscar Klein, 1894~1977에 의해 다듬어져서 칼루차-클라인 이론Kaluza-Klein Theory으로 불리게 되었다. 하지만 이후 진행된 후속 연구들에 의해 이는 불완전한 이론임이 밝혀졌다(이 이론은 그 틀 안에서 전자에게 이미 알려진 고유의 질량과 전하를 부여하기가 곤란하다는 점이 드러났다). 하지만 초끈이론에서는 그 이론적인 구조로부터 칼루차-클라인이론이 제안한 여분의 차원이 자연스럽게 도출되며,

이에 따라 본래의 칼루차-클라인이론을 괴롭혔던 문제는 일어나지 않는다. 이 여분의 차원은 사실상 관측할 수가 없는데, 그 이유는 그 크기가 극히 작기 때문이라고 설명한다. 그러나 이 차원들의 형상은 초끈이 진동하는 데에 영향을 미치며(트럼펫horn의 형상이 그 안에 흐르는 공기의 진동 방식에 영향을 미치듯, 여분 차원의 형상도 초끈이 진동하는 방식에 영향을 미친다), 그에 따라 우리에게 드러나는 물리적 현상들도 영향을 받는다. 이는 시공간의 형상이 아인슈타인이 발견한 바와 같이 중력과 관련될 뿐 아니라, 여분의 차원을 통해 소립자들의 질량과 전하까지도 결정한다는 뜻이 된다. 입자들의 이런 성질들은 끈의 진동 방식으로 결정되는데, 여분 차원의 형상이 그 방식에 영향을 미치기 때문이다. 요컨대 초끈이론은 우주가 왜 이렇게 되어 있는지를 근본 요소의 형상으로 설명할 수 있다는 것을 주장하는 것이다.

아인슈타인이 살아 있다면 나는 그가 초끈이론을 흥미롭고도 설득력 있는 이론으로 받아들이리라 생각한다. 초끈이론은 통일에 대한 그의 연구를 발전시켰다. 또 일반상대성이론에서 볼 수 있듯, 형상에 의존하여 우주를 묘사하고자 하는 그의 철학을 계승하고 있다. 나아가 일반상대성이론과 양자역학을 어떻게 융합할 수 있는지도 보여준다.

하지만 또 한편으로 아무리 그렇더라도 아인슈타인은 초끈이론을 미심쩍어했을 것이다. 특수상대성이론과 일반상대성이론은 발표된 뒤 곧바로 엄격한 시험들을 거쳤고, 시험들을 성공적으로 통과했다. 그렇기 때문에 이 이론들이 이후에 아무리 이상한 주장을 내놓더라도, 우리는 섣불리 무시하지 못하고 진지하게 숙고해보아야 한다. 하지만 이와 달리 초끈이론은 지금까지 실험적 검증에 의한 지지를 받지 못하고 있다. 물론 실험적으로 각각 검증된 일반상대성이론과 양자역학이 융합될 수 있다는 점을 보여준 것은 중요한 디딤돌이다.

하지만 초끈이론 자체가 실험적으로 검증되지 않는 한, 이것이 아인슈타인이 그토록 열망했지만 찾지 못했던 바로 그 통일이론이라는 것을 아무도 믿지 않을 것이다. 세계적으로 입자가속기들의 성능이 크게 향상되고 망원경들도 갈수록 정교해짐에 따라 전례 없이 정확한 관측 자료들이 축적되고 있다. 그리고 그 실제적 확증이 금세기 안에 이루어질지도 모른다. 만일 그럴 경우 아인슈타인의 상대성이론은 보다 웅대한 이론적 구조물의 한 축이 될 것이다.

반면 그렇지 않을 경우 세계의 물리학자들은 통일로 가는 다른 길을 찾아 나설 것이다. 예를 들어 고리양자중력Loop Quantum Gravity과 같은 것이 그 노력들 중 하나라고 할 수 있다. 이것은 현재 이미 상당히 높은 수준까지 개발되어 연구가 활발히 진행 중이다. 아인슈타인은 통일의 횃불을 밝혔지만 완수하지는 못했다. 이제 남은 여정은 그를 이어받고 따르고자 하는 물리학자들의 몫이다. 아인슈타인의 신념과 의지에 공감하는 한, 그들은 앞으로도 이 횃불이 밝게 타오르게 하기 위해 모든 노력을 다할 것이다.

제5판에 부쳐

나는 이 판을 펴내면서 '상대론적 비대칭장론'이라는 제목 아래 '중력이론의 일반화'를 완전히 새롭게 고쳐 썼다. 나의 조수인 브루리아 카우프만과 협력하여 중력장방정식의 유도와 형태를 단순화하는 데에 성공한 덕분에 전반적으로 이 이론은 더욱 명료하고 정확해졌다.

알베르트 아인슈타인

1954년 12월

The
MEANING
of
RELATIVITY

1

상대성이론 이전의 시간과 공간

SPACE
and
TIME
in
PRE-RELATIVITY
PHYSICS

.

상대성이론은 시간과 공간에 관한 관념, 이론들과 긴밀히 관련된다. 따라서 나는 시간과 공간에 대해 우리가 품고 있는 관념의 기원을 간단히 살펴보면서 이 강의를 시작할 것이다. 그리고 논의를 진행하면서 논란이 되는 주제들을 하나하나 소개하려고 한다.

자연과학이든 심리학이든 모든 과학의 목표는 우리의 경험을 논리적으로 체계화하는 것이다. 시간과 공간에 대해 우리가 품고 있는 관습적 관념은 우리의 경험적 특성과 어떻게 관련될까?

우리가 경험하는 일들은 일련의 사건들로 나타난다. 이 배열에서 우리가 기억하는 특정 사건은 더 이상 분석할 수 없는 '이전'과 '이후'라는 기준으로 그 순서가 결정된다. 따라서 각 개인은 '내 시간'이라는 주관적 시간을 가지게 된다. 그런데 이 시간 자체는 측정할 수 없다. 우리는 일반적으로 사건을 수와 관련짓는 경우가 많으며, 대개 나중의 사건에 큰 수를 부여한다. 하지만 이런 관련은 사뭇 임의적이다. 그리고 시계와 관련짓기도 한다. 이때는 사건들의 순서가 시계 자체의 시간 흐름의 순서와 관련된다. 이런 뜻에서 시계는 일련의 사건들을 헤아릴 수 있게 하는 도구라고 할 수 있다. 하지만 나중에 보겠지만 시계에는 이외의 다른 속성도 있다.

각 개인은 언어로 각자의 경험을 어느 정도 비교할 수 있다. 그러다 보면 어떤 감각경험sense perception들은 서로 잘 대응하는 반면, 그렇지 못한 것들도 있다. 우리는 각 개인들에게 공통적인 감각경험들을 실체로 여기는 것에 익숙하다. 이런 뜻에서 본다면 이것들은 객관적이라고 할 수 있다. 자연과학, 특히 가장 근본이 되는 물리학은 그러한 감각경험들을 다룬다. 물체들, 특히 그 가운데서도 강체剛體, rigid body는 위와 같은 감각경험들이 상대적으로 일정하게 결합된 복합체이다. 시계도 이런 의미에서 하나의 물체 또는 계system라고 할 수 있다. 이밖에도 이것이 헤아리는 일련의 사건들이, 이를

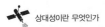

테면 '초'나 '분'처럼 '똑같다고 볼 수 있는 요소'들로 나타내진다는 속성을 갖고 있다.

우리가 가진 관념과 체계의 정당성은 오로지 이것이 우리의 경험들을 탁월하게 표현해낸다는 것에 있다. 철학자들은 과학의 통제 아래에 있던 경험주의에서 핵심적인 개념과 생각들의 일부를 추출해, 높은 곳을 떠도는 구름처럼 붙잡기 힘든 선험적 영역으로 옮겨놓았다. 과학적 사고의 발전에 해로운 영향을 끼쳤다고 믿는다. 물론 관념의 세계는 전적으로 경험으로부터 논리적으로 이끌어낼 수 없는 것으로, 어떤 의미에서는 인간의 창조물이다. 이런 관념들이 없다면 과학은 불가능하다.

또한 관념이 우리의 경험을 벗어나 완전한 독립성을 구축하지 못하는 것은, 마치 옷이 인체의 형상이 먼저 있어야만 존재할 수 있다는 점과 다를 게 없다. 이는 특히 시간과 공간에 대한 관념에 있어 더욱 그렇다. 왜냐하면 물리학자들은 이것을 선험의 올림포스에서 끌어내려 가다듬은 뒤, 실제로 적용할 수 있는 상태로 만들어야 했기 때문이다.

이제 공간에 대한 관념과 판단을 살펴보자. 여기에서도 우리는 경험과 관념을 연결할 때 각별한 주의를 기울여야 한다. 앙리 푸앵카레Henri Poincaré, 1854~1912는 그의 책《과학과 가설La Science et l' Hypothese》에서 이 점에 대해 잘 밝히고 있다. 강체로부터 감지할 수 있는 변화들 가운데 가장 단순하여 우선 관심을 끄는 것은, 강체를 이동하여 상쇄할 수 있는 변화이다. 푸앵카레는 이것을 '위치의 변화'라고 했다. 우리는 간단한 위치 변화를 통해 두 물체를 접촉시킬 수 있다. 기하의 근본 원리에 속하는 합동의 정리theorems of congruence는 이러한 위치 변화를 다루는 법칙들과 관련이 있다.

공간이라는 관념에서 다음은 핵심적인 사실이다. 우리는 어떤 물체 A에 다른 물체 B, C, ……을 덧붙여서 새로운 물체를 만들 수 있는데, 이는 'A의 연속'이라고 부를 수 있다. 또한 우리는 어떤 물체 A를 다른 물체 X와 접촉시켜서 A를 연속시킬 수 있다. 그러면 A의 연속으로 만들어지는 전 대상의 집합을 생각할 수 있고, 이는 '물체 A의 공간'이라고 할 수 있다. 모든 물체는 "(임의로 택한) 물체 A의 공간" 속에 존재한다는 것은 분명 참이다.

이런 뜻에서 보면 추상적인 공간에 대해서는 말할 수 없고 오직 '물체 A에 속한 공간'에 대해서만 말할 수 있다. 지구의 표면은 일상적으로 물체들의 상대적 위치를 판단하는 데에 중요한 역할을 해왔다. 사람들은 이로부터 추상적인 공간의 관념을 도출했지만, 엄밀한 관점에서 보면 이는 오류이

다. 따라서 이 치명적 결함을 피하기 위해 '기준체body of reference' 또는 '기준공간space of reference'이라는 관념만을 쓰기로 한다. 이와 같은 정교화의 필요성은 일반상대성이론이 나온 뒤에야 비로소 대두되었는데, 이에 대해서는 나중에 이야기하기로 한다.

나는 점을 공간의 요소로 보고, 공간을 점의 연속체로 보도록 하는 기준공간의 성질들에 대해서는 자세히 다루지 않을 것이다. 또한 점이나 선의 연속체라는 관념을 정당화하는 공간의 성질들에 대해서도 이야기하지 않을 것이다. 하지만 이런 내용들을 받아들이고 이를 우리의 구체적인 경험과 관련지어보면, 공간이 3차원적이라는 의미가 쉽게 이해된다. 3차원 공간에서는 각각의 점에 좌표coordinate라고 부르는 세 개의 수 x_1, x_2, x_3를 부여할 수 있으며, 점과 좌표 사이의 관련은 유일하고 호환互換적이다. 또한 점이 연속적으로 변하며 선을 그리면 좌표 x_1, x_2, x_3의 값도 연속적으로 변한다.

상대성이론 이전의 물리학에서 이상적인 강체를 규정하는 법칙은 유클리드기하(학)Euclidean geometry에 부합했는데, 그 구체적 의미는 "강체에 표시된 두 점은 간격interval을 나타낸다"는 말로 설명할 수 있다. 정지된 상태에서의 두 점간 간격은 우리의 기준공간에서 여러 방향으로 놓일 수 있다. 이제

이 공간의 점을 x_1, x_2, x_3이라는 좌표로 나타내고, 그 간격을 표시하는 각 좌표들의 차difference를 Δx_1, Δx_2, Δx_3로 나타낸 뒤, 이 차들의 제곱을 더해서 다음과 같이 써보자.

(1) $$s^2 = \Delta x_1{}^2 + \Delta x_2{}^2 + \Delta x_3{}^2$$

이때 (1)의 값이 주어진 간격을 어떤 방향으로 놓든 일정하다는 관계가 성립하면, 그 기준공간은 유클리드공간Euclidean space으로 거기에 쓰인 좌표(계)는 직교좌표(계) 또는 데카르트좌표(계)Cartesian coordinates라고 부른다.❖ 그리고 이 관계는 간격이 무한히 작아지는 극한에서만 성립하는 것으로 보아야 한다.

한편 이와 관련된 것으로 특별하지는 않지만, 근본적인 중요성 때문에 주목해야 할 가정들이 있다. 첫째, 이상적 강체는 임의의 방식으로 움직일 수 있다. 둘째, 어떤 방향에 대한 이상적 강체의 행동은 강체를 이루는 물질이나 그 위치의 변화에 무관하다. 따라서 두 간격이 한 번 겹쳐졌다면, 이후 다시 겹쳐질 수도 있다. 이 가정들은 우리의 경험으로부터 자

❖ 이 관계는 원점과 방향을 어떻게 택하든 항상 성립한다. 여기서 방향은 $\Delta x_1 : \Delta x_2 : \Delta x_3$의 비율을 바꾸는 것에 해당한다.

상대성이란 무엇인가

연스럽게 나오는 것으로, 형상은 물론 물리적 측정과 관련하여 매우 중요하다. 그리고 일반상대성이론에서 볼 때 이 가정들의 타당성은 천문학적 크기에 비해 아주 작은 기준체나 기준공간들에 대해서만 성립한다고 할 수 있다.

(1)의 s는 간격의 길이length of interval다. 간격의 길이를 측정하기 위해서는 특정한 간격의 길이를 단위길이unit length 1로 정해야 한다. 그러면 다른 모든 간격의 길이는 이것을 기준으로 결정할 수 있기 때문이다. 좌표 x_ν가 매개변수 λ와 아래와 같은 1차 비례 관계에 있다고 하자.

$$x_\nu = a_\nu + \lambda b_\nu$$

그러면 이로부터 우리는 유클리드기하의 직선과 동일한 성질을 모두 가진 직선을 얻을 수 있다. 예를 들어 직선에서 간격 s를 n번 잘라내어 연결하면 길이가 $n \times s$인 간격을 얻을 수 있다. 따라서 길이는 직선을 따라 자로 재어 얻은 값이다. 이는 사용하는 좌표계에 무관하다는 점에서 중요한 성질인데, 나중에 보게 되지만 직선에도 이런 성질이 있다.

다음으로 특수상대성이론과 일반상대성이론에서 비슷한 역할을 하는 일련의 관념들을 살펴보도록 하자. "앞서 썼던

직교좌표계와 동등한 좌표계들에는 어떤 것들이 있을까?"
간격은 좌표계의 선택과 아무 관련이 없다는 물리학적 의미
를 가지고 있다. 이는 기준공간에 있는 임의의 점으로부터
같은 간격만큼 떨어진 모든 점들의 집합으로 이루어진 구면
도 마찬가지다. 기준공간 안의 두 직교좌표계를 x_ν와 x'_ν로
나타내면($\nu=1, 2, 3$) 구면은 이 두 좌표계에서 다음의 두 식
으로 표현된다.

(2) $$\sum \Delta x_\nu{}^2 = 상수$$

(2a) $$\sum \Delta x'_\nu{}^2 = 상수$$

(2)와 (2a)가 서로 동등하려면 x'_ν는 x_ν에 대해 어떻게 표
현되어야 할까? x'_ν를 x_ν의 함수로 본다면 $\Delta x'_\nu$는 테일러정
리Taylor's theorem를 이용하여 작은 값의 Δx_ν에 대해 다음과
같이 나타낼 수 있다.

$$\Delta x'_\nu = \sum_\alpha \frac{\partial x'_\nu}{\partial x_\alpha} \Delta x_\alpha + x_\alpha + \frac{1}{2} \sum_{\alpha\beta} \frac{\partial^2 x'_\nu}{\partial x_\alpha \partial x_\beta} \Delta x_\alpha \Delta x_\beta \cdots$$

(2a)를 위의 식에 대입하고 (1)과 비교해보면 x'_ν는 x_ν의 1
차함수이어야 함을 알 수 있다. 그러므로 x'_ν를 아래의 (3) 또

는 (3a)와 같이 쓰면

(3) $$x'_\nu = a_\nu + \sum_\alpha b_{\nu\alpha} x_\alpha$$
(3a) $$\Delta x'_\nu = \sum_\alpha b_{\nu\alpha} \Delta x_\alpha$$

(2)와 (2a)의 동등성은 다음과 같이 표현된다.

(2b) $$\sum \Delta x'^2_\nu = \lambda \sum \Delta x'^2_\nu \quad (\lambda는 \Delta x_\nu와 무관하다)$$

따라서 λ는 상수이어야 한다. 만일 $\lambda = 1$로 놓으면 (2b)와 (3a)는 다음과 같이 쓸 수 있다.

(4) $$\sum_\nu b_{\nu\alpha} b_{\nu\beta} = \delta_{\alpha\beta}$$

위 식에서 $\delta_{\alpha\beta}$의 값은, $\alpha = \beta$이면 1이고 $\alpha \neq \beta$이면 0이다. (4)는 직교조건condition of orthogonality, (3)과 (4)의 변환식은 일차직교변환linear orthogonal transformation이라고 한다.

만일 $s^2 = \sum \Delta x_\nu^2$이 모든 좌표계에서 길이의 제곱과 같다고 하고 언제나 똑같은 단위눈금의 자로 잰다면, λ는 1이어야 한다. 그러므로 기준공간 안의 한 직교좌표계에서 다른 직교좌표계로 자유롭게 옮겨갈 방법은 일차직교변환뿐이다. 이런 변환을 직선의 식에 적용하면 다시 직선의 식이 된다. (3a)의 양변에 $b_{\nu\beta}$를 곱하고 ν의 모든 값에 대해 총합하여 역변환시키면 다음 식이 나온다.

$$(5) \qquad \sum b_{\nu\beta} \Delta x'_\nu = \sum_{\nu\alpha} b_{\nu\alpha} b_{\nu\beta} \Delta x_\alpha = \sum_\alpha \delta_{\alpha\beta} \Delta x_\alpha = \Delta x_\beta$$

Δx_ν를 얻는 역변환도 같은 계수 b로 결정되는데, 기하학적으로 $b_{\nu\alpha}$는 x_α축과 x'_ν축 사이의 각에 대한 코사인 값이다.

요약하면 유클리드기하에서는 주어진 기준공간 안에 우선적인 좌표계로서의 직교좌표계가 존재하며, 이 좌표계들은 일차직교변환에 의해 서로 변환된다. 기준공간에 있는 두 점 사이의 거리distance s는 자로 잴 수 있고, 좌표계에서 아주 간단하게 표현된다. 사실 기하의 모든 것은 이 거리라는 관념 위에 세울 수 있다. 여기 논의에서 기하는 강체라는 실체와 관련되며, 그 정리들은 이런 실체들의 행동과 관련하여 옳다고 증명된 명제들이다.

우리는 대개 관념과 실제 경험 사이의 관계를 도외시하면서 기하를 배웠고, 그래서 그렇게 생각하는 것에 익숙하다.

물론 본질적으로 불완전한 경험주의와 무관하고 순수하게 논리적인 것들을 따로 분리하는 데에도 나름의 장점이 있다. 특히 순수 수학자들의 작업은 공리로부터 논리적 오류 없이 정리를 이끌어내는 것으로 충분하기 때문에, 유클리드기하와 자연과의 부합 여부는 수학자들에게 중요하지 않다.

하지만 우리가 논의를 진행하기 위해서는 기하의 근본 관념과 자연의 실체를 관련짓는 것이 필요하다. 즉 물리학자들에게는 실제 자연과 비교했을 때 참인지 거짓인지 비교 가능한 기하의 정리들만이 관심의 대상이 된다. 이런 관점에서 유클리드기하는 단순히 공리와 정의들로부터 논리적으로 구축된 체계 이상의 의미를 가진다. 이런 사실은 다음의 예를 통해 쉽게 이해할 수 있다.

공간에 있는 n개의 점들 사이에는 $\dfrac{n(n-1)}{2}$개의 거리가 있는데, 이 거리 $s_{\mu\nu}$는 $3n$개의 좌표를 이용하면 다음과 같이 나타낼 수 있다.

$$s_{\mu\nu}{}^2 = (x_{1(\mu)} - x_{1(\nu)})^2 + (x_{2(\mu)} - x_{2(\nu)})^2 + \cdots$$

이와 같은 $\dfrac{n(n-1)}{2}$개의 식들로부터 $3n$개의 좌표가 소거될 수 있다. 따라서 이로부터 $s_{\mu\nu}$에 대해 $\dfrac{n(n-1)}{2} - 3n$개의 식

이 얻어진다. ♦ 그런데 $s_{\mu\nu}$는 측정 가능한 양이고 정의에 따라 서로 독립적이기 때문에, $s_{\mu\nu}$들 사이의 관계식들은 선험적일 필요가 없다. 이상의 논의로부터 유클리드기하에서 (3)과 (4)의 변환식은 한 직교좌표계에서 다른 직교좌표계로의 변환을 규정한다. 그런 이유로 이것은 유클리드기하에서 중요한 의의를 가진다. 직교좌표계에서 측정 가능한 두 점 사이의 거리 s는 다음과 같은 식으로 표현된다.

$$s^2 = \sum \Delta x_\nu^2$$

$K_{(x_\nu)}$와 $K'_{(x_\nu)}$가 서로 다른 두 직교좌표계라면 위의 식은 다음과 같이 나타내진다.

$$\sum \Delta x_\nu^2 = \sum \Delta x'_\nu^2$$

이 식의 우변은 일차직교변환식의 성질에 따라 좌변과 같은데, 단지 x_ν가 x'_ν로 바뀌었을 뿐이다. 따라서 이 결과는 "$\sum \Delta x_\nu^2$이 일차직교변환에 대해 불변(량)invariant이다"라고 표현된다. 유클리드기하에서 일차직교변환에 대해 불변인 것

♦ 실제로는 $\dfrac{n(n-1)}{2} - 3n + 6$개의 식이 나온다.

상대성이란 무엇인가

들만이 직교좌표계의 선택과 무관하게 객관적 의의를 가진다는 점은 명백하다. 이런 양들에 대한 법칙들을 다루는 불변량이론theory of invariant이 해석기하(학)analytical geometry에서 중요하게 쓰이는 이유는 바로 여기에 있다.

기하학적 불변량의 두 번째 예로 다음의 부피를 보자.

$$V = \iiint dx_1 dx_2 dx_3$$

독일의 수학자 카를 구스타프 야코비Carl Gustav Jacobi, 1804~1851가 발견한 야코비의 정리Jacobi's law에 따르면 다음 식이 성립한다.

$$\iiint dx_1' dx_2' dx_3' = \iiint \frac{\partial(x_1', x_2', x_3')}{\partial(x_1, x_2, x_3)} dx_1 dx_2 dx_3$$

우변에서 적분되는 것은 x_ν에 대한 x_ν'의 함수 관계를 나타내는 행결行決, determinant이며, (3)에 따르면 이는 변환계수 $b_{\nu\alpha}$의 행결 $|b_{\mu\nu}|$와 같다. (4)를 이용하여 $\delta_{\mu\alpha}$의 행결을 만들면 행결의 곱에 대한 정리로부터 다음 결과를 얻는다.

(6) $$1 = |\delta_{\alpha\beta}| = |\sum_\nu b_{\nu\alpha}b_{\nu\beta}| = |b_{\mu\nu}|^2 ; |b_{\mu\nu}| = \pm 1$$

만일 행결의 값이 +1인 것*과 좌표계가 연속적으로 변화하는 것으로부터 나오는 것만 취하기로 한다면 부피는 불변량이다.

하지만 직교좌표계의 선택과 무관한 표현형이 불변량만 있는 것은 아니다. 그 외에 벡터vector와 텐서tensor가 있다. x_ν라는 좌표를 가진 점이 어떤 직선 위에 있다는 사실은 다음과 같이 표현된다.

$$x_\nu - A_\nu = \lambda B_\nu (\nu = 1, 2, 3)$$

이 식의 보편성을 한정하지 않는다면 다음과 같이 쓸 수 있다.

$$\sum B_\nu^2 = 1$$

♦ (6)의 값에 따라 직교좌표계는 우선성(右旋性, right-handed)과 좌선성(左旋性, left-handed)의 둘로 나뉜다. 이 차이는 물리학자들과 기술자들 사이에 널리 알려져 있다. 흥미롭게도 기하학적으로는 이 두 가지 좌표계 자체가 아닌 그 차이점만 정의할 수 있다.

(3a)와 (5)를 참조하여 양변에 $b_{\beta\nu}$를 곱하고 ν에 대해 총합하면 다음 식을 얻을 수 있다.

$$x'_\beta - A'_\beta = \lambda B'_\beta$$

위의 B'_β와 A'_β는 각각 다음과 같다.

$$B'_\beta = \sum_\nu b_{\beta\nu}B_\nu \,;\, A'_\beta = \sum_\nu b_{\beta\nu}A_\nu$$

이 식들은 둘째 직교좌표계 K'에 대한 직선의 방정식들인데, 본래 직교좌표계에 대한 식들과 같은 형태이다. 따라서 직선도 좌표계의 선택과 무관하게 중요하다는 점은 분명하다. 이는 $(x_\nu - A_\nu) - \lambda B_\nu$가 $\varDelta x_\nu$라는 간격의 성분처럼 변환된다는 사실에서 유래한다.

모든 직교좌표계에 대해 정의된 세 개의 양이 간격의 성분과 같은 방식으로 변환되는 것을 벡터의 성분이라고 부른다. 벡터의 세 성분이 한 직교좌표계에서 모두 0이면 다른 직교좌표계에서도 그러한데, 이는 변환식이 균일homogeneous하기 때문이다. 따라서 벡터라는 개념은 기하학적 표현에 의지하지 않고 도출된다. 직선 방정식이 보여주는 이런 행동에 대해 흔히 "직선은 일차직교변환에 대해 불변不變, covariant이다"
라고 한다.

다음으로 텐서의 개념을 이끄는 기하학적 개체에 대해 간
단히 살펴보자. P_0는 2차곡면의 중심, P는 이 곡면 위에 있
는 임의의 점, ξ_ν는 좌표축에 대한 간격 $P_0 P$의 투영projection
이라고 하자. 그러면 이 곡면의 방정식은 다음과 같다.

$$\sum a_{\mu\nu}\xi_\mu\xi_\nu=1$$

앞으로 위와 같은 식들에서 총합을 뜻하는 $\sum$ 기호는 생략
하기로 한다. 이런 경우 같은 첨자가 두 번 나오면 총합이 암
시되어 있다고 생각하면 된다. 그러면 위의 식은 아래처럼
간단히 쓸 수 있다.

$$a_{\mu\nu}\xi_\mu\xi_\nu=1$$

선택된 직교좌표계의 한 점에 중심을 둔 이 곡면은 이 식
의 $a_{\mu\nu}$에 의해 완전히 결정된다. ξ_ν에 대한 변환법칙은 (3a)
의 일차직교변환식으로 주어지므로, $a_{\mu\nu}$의 변환법칙도 아래
와 같이 쉽게 얻어낼 수 있다.◆

$$a'_{\sigma\tau}=b_{\sigma\mu}b_{\tau\nu}\,a_{\mu\nu}$$

이 변환은 균일하고 $a_{\mu\nu}$ 에 대해 1차이다. 그런데 $a_{\mu\nu}$ 는 두 개의 첨자를 갖고 있기 때문에 2차텐서의 성분이라고 한다 (이 문장의 앞에 나오는 '1차'의 영어는 'first degree'로서 '1차방 정식'에서의 '1차'와 같은 의미이지만, 뒤에 나오는 '2차텐서'의 영어는 'second rank tensor'이고 여기의 'rank'는 텐서에서 쓰이 는 새로운 용어이다. degree와 rank는 우리말로 구별하기가 곤란 하여 흔히 모두 '차次'로 쓰는데, 언뜻 혼란스러울 것 같지만 쓰이 는 상황이 다르므로 실제로는 혼란의 여지가 없다-옮긴이). 2차 곡면의 형상과 위치는 모두 텐서 (a)로 묘사되는데, 만일 어 떤 직교좌표계에서 $a_{\mu\nu}$ 의 성분들이 모두 0이라면, 다른 직교 좌표계들에서도 그렇다.

2차보다 높은 고차텐서들은 해석적으로 정의되며, 첨자의 수도 그에 따라 많아진다. 나아가 벡터는 1차, 불변량인 스 칼라saclar는 0차텐서로 풀이할 수 있다. 이에 비추어 불변량 이론과 관련된 문제는 "새 텐서를 옛 텐서로 나타내는 법칙 은 무엇인가?"라는 의문으로 집약된다. 이 법칙은 앞으로 자

◆ $a'_{\sigma\tau}\xi'_{\sigma}\xi'_{\tau}$=1이란 식은 (5)를 이용하여 $a'_{\sigma\tau}b_{\mu\sigma}b_{\nu\tau}\xi_{\sigma}\xi_{\tau}$=1로 바꿔 쓸 수 있고, 위의 결과는 이로부터 바로 얻어진다.

주 쓰일 것이기 때문에 여기에서 미리 살펴보기로 한다.

　먼저 같은 기준공간 안의 한 직교좌표계에서 일차직교변환을 통해 다른 직교좌표계로 변환되는 텐서의 특성에만 주목해보자. 이 법칙은 공간의 차원에는 무관하므로 당분간 차원을 나타내는 n의 값은 정하지 않는다.

　정의 어떤 대상이 n차원의 기준공간에서 모든 직교좌표계에 대해 n^α개(α는 첨자의 개수)의 수 $A_{\mu\nu\rho}\cdots$에 의해 정의되고 다음의 변환법칙을 따른다면, 이 수들은 α차텐서의 성분들이다.

(7)
$$A'_{\mu'\nu'\rho'}\cdots = b_{\mu'\mu}\, b_{\nu'\nu}\, b_{\rho'\rho}\cdots A_{\mu\nu\rho}\cdots$$

　참고 아래 식의 (B), (C), (D) ……가 벡터일 경우 위 정의에 따르면 이 식은 불변량이며, 역으로 이것이 임의의 벡터 (B), (C), (D) ……에 대해 불변량이라면 (A)는 텐서이다.

(8)
$$A_{\mu\nu\rho}\cdots B_\mu C_\nu D_\rho \cdots$$

　덧셈과 뺄셈 두 텐서를 상응하는 성분들끼리 더하거나 빼면

같은 차수의 텐서가 나온다.

(9) $$A_{\mu\nu\rho}\cdots\pm B_{\mu\nu\rho}\cdots=C_{\mu\nu\rho}\cdots$$

이에 대한 증명은 위에서 보인 텐서의 정의에서 도출된다.

곱셈 α차텐서의 모든 성분에 β차텐서의 모든 성분을 곱하면 $(\alpha+\beta)$차텐서가 얻어진다.

(10) $$T_{\mu\nu\rho}\cdots_{\alpha\beta\gamma}\cdots=A_{\mu\nu\rho}\cdots B_{\alpha\beta\gamma}\cdots$$

축약 α차텐서의 두 첨자를 같게 놓고 이 첨자에 대해 총합을 하면 $(\alpha-2)$차텐서가 나온다.

(11) $$T_{\rho}\cdots=A_{\mu\mu\rho}\cdots(=\sum_{\mu}A_{\mu\mu\rho}\cdots)$$

증명은 다음과 같다.

$$A'_{\mu\mu\rho}\cdots=b_{\mu\alpha}b_{\mu\beta}b_{\rho\gamma}\cdots A_{\alpha\beta\gamma}\cdots=\delta_{\alpha\beta}b_{\rho\gamma}\cdots A_{\alpha\beta\gamma}\cdots=b_{\rho\gamma}\cdots A_{\alpha\alpha\gamma}\cdots$$

이러한 기본적인 연산 규칙들 외에 아래와 같이 미분으로 텐서를 만드는 방법도 있다.

(12)
$$T_{\mu\gamma\rho}\cdots,_{\alpha} = \frac{\partial A_{\mu\gamma\rho}\cdots}{\partial x_\alpha}$$

이 연산 규칙을 통해 어떤 텐서로부터 일차직교변환을 따르는 새 텐서를 만들 수 있다.

텐서의 대칭성 어떤 텐서에서 임의의 두 첨자를 서로 바꾸었을 때 그 결과가 본래의 텐서와 같으면 대칭symmetric, 본래의 텐서와 부호가 반대이면 반대칭skew-symmetric이다.

$$대칭텐서: A_{\mu\nu\rho} = A_{\mu\nu\rho}$$
$$반대칭텐서: A_{\mu\nu\rho} = -A_{\mu\nu\rho}$$

정리 텐서의 대칭성과 반대칭성은 좌표계의 선택과 무관하다. 따라서 이는 중요한 성질인데, 그 증명은 텐서의 정의에서 도출된다.

특수 텐서 I. (4)의 $\delta_{\rho\sigma}$는 텐서의 성분이다(이 텐서를 근본텐서fundamental tensor라고 한다).

증명 변환식 $A'_{\mu\nu}=b_{\mu\alpha}\,b_{\nu\beta}\,A_{\alpha\beta}$의 우변에 있는 $A_{\alpha\beta}$에 $\delta_{\alpha\beta}$를 대입하면 다음 식이 나온다($\delta_{\alpha\beta}$의 값은 $\alpha=\beta$이면 1이고 $\alpha\neq\beta$이면 0이다).

$$A'_{\mu\nu}=b_{\mu\alpha}\,b_{\nu\alpha}=\delta_{\mu\nu}$$

위 식의 마지막 결과는 역변환을 나타내는 (5)에 (4)를 적용하면 얻어진다.

II. 텐서 중에는 임의로 고른 한 쌍의 첨자를 서로 바꾸었을 때 언제나 반대칭이 되는 텐서 $\delta_{\mu\nu\rho}\cdots$가 있다.

이 텐서의 차수는 해당 공간의 차원수와 같으며, 부호는 첨자 $\mu\nu\rho\cdots$가 $123\cdots$의 짝치환even permutation이면 $+$, 홀치환odd permutation이면 $-$이다. 이에 대한 증명은 $|b_{\rho\sigma}|=1$이라는 정리의 증명을 이용하면 도출된다.

불변량이론으로부터 얻어지는 위의 몇 가지 정리는 상대성이론 이전의 물리학과 특수상대성이론의 방정식들을 구축하는 데에 중요한 도구로 활용된다.

지금까지 살펴본 바와 같이 상대성이론 이전의 물리학에

서 공간상의 관계를 규정하려면, 기준체 또는 기준공간 외에 직교좌표계가 필요하다. 그런데 긴 막대들을 단위길이의 일정한 간격마다 직각으로 교차시켜 만든 정육면체 격자의 틀을 여기에서 말하는 직교좌표계로 상상하면 이 두 가지의 요구 조건이 함께 충족된다. 그러면 격자점의 좌표는 정수가 되며, 다음과 같은 식에 따라 각 공간격자는 단위길이의 변들을 가진다.

$$s^2 = \Delta x_1^2 + x_2^2 + x_3^2$$

이런 직교좌표계들 가운데 우리가 기준으로 삼고자 하는 것을 기준계基準系, frame of reference라고 해보자. 이 기준계에서 시간상의 관계를 규정하려면 먼저 그 원점에 표준시계 standard clock를 놓아야 한다. 그런 다음에야 사건이 일어날 때 사건이 발생한 위치 x_v와 그 순간에 원점에 놓인 시계의 시간 t로써 이 사건을 특정할 수 있다.

이 과정은 서로 멀리 떨어진 사건들의 동시성simultaneity에 대해 가상적이나마 객관적 의의를 부여한 것이다. 이것은 지금까지 우리가 한 개인이 한 곳에서 겪는 두 경험들의 동시성에 대해서만 관심을 가졌던 것과 대조된다. 모든 사건들에

대해 이렇게 규정된 시간은 기준공간 안에 있는 좌표계들의 위치에 무관하며 따라서 (3)의 변환에 대해 불변이다.

상대성이론 이전의 물리학 법칙들을 나타내는 방정식들은 유클리드기하의 관계들과 마찬가지로 (3)의 변환에 대해 불변이라고 가정했다. 사실 공간의 등방성isotropy과 균일성homogeneity은 바로 이런 방식으로 서술된다.[*] 더 중요한 몇몇 물리 법칙들을 이런 관점에서 살펴보도록 하자.

물질입자의 운동방정식은 다음과 같다.

(14)
$$m\frac{d^2x_\nu}{dt^2} = X_\nu$$

여기에서 (dx_ν)는 벡터이고, dt는 불변량이므로 $\frac{1}{dt}$도 불변량이다. 따라서 $(\frac{dx_\nu}{dt})$는 벡터이고, 마찬가지로 $(\frac{d^2x_\nu}{dt^2})$도 벡터이다. 일반적으로 시간에 대한 미분은 텐서성을 바꾸지 않는다.

질량 m은 불변량인 0차텐서이므로 텐서의 곱에 대한 정리

---

[*] 물리법칙들은 공간에 우선적인 방향이 있더라도 (3)의 변환에 대해 불변이도록 표현될 수 있다. 하지만 여기의 경우 그런 표현은 부적절하다. 공간에 우선적인 방향이 있다면 좌표계를 이 방향으로 정렬시켜 자연 현상을 간명하게 묘사할 수 있을 것이다. 반면 공간에 우선적인 방향이 없다면 서로 다르게 배향된 좌표계들의 대칭성이 드러나지 않도록 자연 법칙들을 표현하는 것은 비논리적이다. 이 관점은 특수상대성이론과 일반상대성이론을 다룰 때 다시 이야기한다.

에 따르면 $(m\frac{d^2x_\nu}{dt^2})$은 1차텐서인 벡터이다. 만일 힘 (X_ν)가 벡터성을 가진다면 $(m\frac{d^2x_\nu}{dt^2})$ 과의 차 $(m\frac{d^2x_\nu}{dt^2}-X_\nu)$도 마찬가지다. 그러므로 이러한 운동방정식들은 기준공간 안의 모든 직교좌표계에서 성립된다.

힘이 보존력conservative force이라면 (X_ν)의 벡터성은 쉽게 파악된다. 입자들 사이의 거리에만 의존하는 위치에너지 Φ가 존재한다면 이는 불변량이다. 그러면 $x_\nu=-\frac{\partial\Phi}{\partial x_\nu}$ 로 표현되는 힘의 벡터성은 0차텐서의 미분에 대한 일반적인 정리의 귀결이다.

(14)에 1차텐서인 속력을 곱하면 다음의 텐서식이 나온다.

$$\left(m\frac{d^2x_\nu}{dt^2}-X_\nu\right)\frac{dx_\mu}{dt}=0$$

축약한 다음 스칼라 dt를 곱하면 아래와 같은 운동에너지의 방정식이 나온다.

$$d\left(\frac{mq^2}{2}\right)=X_\nu dx_\nu$$

공간에 고정된 점과 물질입자 좌표의 차는 벡터인데 이를 ξ_ν라고 해보자. 그러면 $\frac{d^2x_\nu}{dt^2}=\frac{d^2\xi_\nu}{dt^2}$ 이므로 입자의 운동방정식은 다음과 같이 쓸 수 있다.

$$m\frac{d^2\xi_\nu}{dt^2} - X_\nu = 0$$

위 식의 양변에 ξ_μ를 곱하면 아래와 같은 텐서식이 나온다.

$$\left(m\frac{d^2\xi_\nu}{dt^2} - X_\nu \right)\xi_\mu = 0$$

좌변의 텐서를 축약하고 시간평균time average을 취하면 비리알정리virial theorem가 나오는데 이에 대한 논의는 생략한다. 한편 첨자를 서로 바꾸고 뺀 다음 간단한 변환을 거치면 아래의 모멘트정리theorem of moments가 나온다.

(15) $$\frac{d}{dt}\left[m\left(\xi_\mu\frac{d\xi_\nu}{dt} - \xi_\nu\frac{d\xi_\mu}{dt} \right) \right] = \xi_\mu X_\nu - \xi_\nu X_\mu$$

여기에서 분명히 드러나듯 벡터의 모멘트는 벡터가 아니라 텐서이다. 또한 반대칭성이 있으므로 구체적으로는 모두 9개인 식들 가운데 독립적인 식은 3개뿐이다. 3차원 공간에서 2차반대칭텐서를 벡터로 대체할 가능성은 다음 벡터의 형성에 달려 있다.

$$A_\mu = \frac{1}{2} A_{\sigma\gamma} \delta_{\sigma\gamma\mu}$$

만일 2차반대칭텐서를 앞서 보았던 특수 반대칭텐서 δ로 곱하고 두 번 축약하면 성분값이 2차반대칭텐서와 동일한 벡터가 나온다. 이는 이른바 축벡터axial vector라는 것으로, 우선성좌표계와 좌선성좌표계에서 Δx_ν와 다른 방식으로 변환된다. 2차반대칭텐서를 3차원 공간에서 벡터로 보는 것은 시각적으로 쉽게 이해할 수 있다는 장점이 있는 반면, 이것을 텐서로 보는 것에 비해 그 본질을 정확히 나타낼 수 없다는 단점이 있다.

다음으로 연속적인 매질의 운동방정식을 살펴보도록 하자. 밀도를 ρ, 좌표와 시간의 함수로 보는 속력의 성분을 u_ν, 단위질량당의 체적력volume force을 X_ν, x_ν가 증가하는 방향으로 잡은 σ축과 수직인 면에 작용하는 응력stress을 $p_{\nu\sigma}$라고 하자. 그러면 운동면의 방정식은 뉴턴의 법칙에 따라 다음과 같이 쓸 수 있다.

$$\rho \frac{du_\nu}{dt} = -\frac{\partial p_{\nu\sigma}}{\partial x_\sigma} + \rho X_\nu$$

위 식에서 $\dfrac{du_\nu}{dt}$는 시간 t에서 좌표 x_ν에 있는 입자의 가속

이다. 이 가속을 편미분 계수로 나타내고 ρ로 나누면 다음의 식이 나온다.

(16)
$$\frac{\partial u_\nu}{\partial t} + \frac{\partial u_\nu}{\partial x_o} u_o = -\frac{1}{\rho} \frac{\partial p_{\nu o}}{\partial x_o} + X_\nu$$

우리는 이 식이 직교좌표계의 선택에 무관하다는 점을 보여야 한다. 먼저 (u_ν)는 벡터이므로 $\frac{\partial u_\nu}{\partial t}$도 벡터이다. $\frac{\partial u_\nu}{\partial x_o}$는 2차텐서이고, $\frac{\partial u_\nu}{\partial x_o} u_\tau$는 3차텐서인데, 위 식 좌변의 둘째 항은 이 3차텐서의 첨자 o와 τ에 대한 축약으로 얻어진다.

다음으로 우변의 둘째 항이 벡터임은 명백한데, 우변의 첫째 항도 벡터이려면 $p_{\nu o}$는 텐서이어야 한다. 그러면 미분과 축약을 통해 $\frac{\partial p_{\nu o}}{\partial x_o}$가 얻어지고 이것은 벡터이다. 이것을 $\frac{1}{\rho}$라는 스칼라로 곱한 것도 벡터이다. 한편 $p_{\nu o}$는 텐서이므로 다음 식에 따라 변환되는데, 역학에서는 이를 무한히 작은 사면체에 대해 적분하는 방법으로 증명한다.

$$p'_{\mu\nu} = b_{\mu\alpha} b_{\nu\beta} p_{\alpha\beta}$$

역학에서는 또한 모멘트정리를 무한히 작은 평행육면체에 적용하여 $p_{\nu o} = p_{o\nu}$임을 증명하며, 따라서 응력텐서는 대칭텐서이다. 지금껏 제시하고 펼친 규칙과 논의에 의하면 위의 식은 공간에서의 직교변환(회전변환)에 대해 불변이다. 이로써 이 식이 불변이 되도록 하기 위해 변환되어야 하는 이 식 속의 양들에 대한 규칙은 분명해진다.

아래와 같이 주어지는 연속방정식equation of continuity도 불변성을 갖지만, 이에 대해서는 위의 내용을 참조하면 되므로 따로 논의하지 않기로 한다.

(17)
$$\frac{\partial \rho}{\partial t} + \frac{\partial (\rho u_\nu)}{\partial x_\nu} = 0$$

하지만 물질의 특성에 대한 응력 성분의 의존성을 나타내는 방정식에 불변성이 있는지 조사하고, 이 불변성 조건을 바탕으로 압축성 점액에 관한 방정식을 작성하는 것이 좋다.

만일 점성을 무시하게 되면 압력 p는 스칼라가 되어 액체의 밀도와 온도에만 의존하게 된다. 그러면 응력텐서에 대한 기여는 $p\delta_{\mu\nu}$이고, 이 항은 점액의 경우에도 존재하며 여기에서 $\delta_{\mu\nu}$는 특수 대칭텐서가 된다. 하지만 이때는 u_ν의 공간 미분에 의존하는 압력 항도 있는데, 이 의존성을 1차라고 가정한다. 이 항들은 대칭텐서이어야 하는데, $\frac{\partial u_\alpha}{\partial x_\alpha}$는 스칼라이므로 들어갈 것들은 다음의 것들뿐이다.

$$\alpha \left(\frac{\partial u_\mu}{\partial x_\nu} + \frac{\partial u_\nu}{\partial x_\mu} \right) + \beta \delta_{\mu\nu} \frac{\partial u_\alpha}{\partial x_\alpha}$$

입자들 사이에 미끄러짐이 없어야 한다는 물리적 이유 때문에 모든 방향으로의 대칭적인 팽창, 즉 다음 식이 충족되는 경우에는 마찰력이 없다고 가정할 수 있다.

$$\frac{\partial u_1}{\partial x_1} = \frac{\partial u_2}{\partial x_2} = \frac{\partial u_3}{\partial x_3} \; ; \; \frac{\partial u_1}{\partial x_2} \, , \, \text{etc.,} = 0$$

이로부터 $\beta = -\frac{2}{3}\alpha$ 임이 도출된다. 만일 $\frac{\partial u_1}{\partial x_3} \neq 0$이면 $p_{31} = -\eta \frac{\partial u_1}{\partial x_3}$으로 놓아 α를 결정할 수 있다. 그러면 완전한 응력텐서의 식은 다음과 같이 주어진다.

(18)
$$p_{\mu\nu} = p\delta_{\mu\nu} - \eta \left[\left(\frac{\partial u_\mu}{\partial x_\nu} + \frac{\partial u_\nu}{\partial x_\mu} \right) \right.$$
$$\left. - \frac{2}{3} \left(\frac{\partial u_1}{\partial x_1} + \frac{\partial u_2}{\partial x_2} + \frac{\partial u_3}{\partial x_3} \right) \delta_{\mu\nu} \right]$$

모든 방향이 동등하다는 공간의 등방성에서 유래하는 불변량이론의 직관적 가치는 이 예에서 분명히 드러난다.

끝으로 맥스웰 방정식을 핸드릭 안톤 로렌츠Hendrik Antoon

Lorentz, 1853~1928가 제시한 전자이론electron theory의 근거가 되는 형태로 살펴보자.

$$
(19) \quad
\begin{cases}
\dfrac{\partial b_3}{\partial x_2} - \dfrac{\partial b_2}{\partial x_3} = \dfrac{1}{c}\,\dfrac{\partial e_1}{\partial t} + \dfrac{1}{c}\,i_1 \\[2ex]
\dfrac{\partial b_1}{\partial x_3} - \dfrac{\partial b_3}{\partial x_1} = \dfrac{1}{c}\,\dfrac{\partial e_2}{\partial t} + \dfrac{1}{c}\,i_2 \\[2ex]
\cdot \quad \cdot \quad \cdot \quad \cdot \quad \cdot \quad \cdot \\[1ex]
\dfrac{\partial e_1}{\partial x_1} - \dfrac{\partial e_2}{\partial x_2} + \dfrac{\partial e_3}{\partial x_3} = \rho
\end{cases}
$$

$$
(20) \quad
\begin{cases}
\dfrac{\partial e_3}{\partial x_2} - \dfrac{\partial e_2}{\partial x_3} = -\dfrac{1}{c}\,\dfrac{\partial b_1}{\partial t} \\[2ex]
\dfrac{\partial e_1}{\partial x_3} - \dfrac{\partial e_3}{\partial x_1} = -\dfrac{1}{c}\,\dfrac{\partial b_2}{\partial t} \\[2ex]
\cdot \quad \cdot \quad \cdot \quad \cdot \quad \cdot \quad \cdot \\[1ex]
\dfrac{\partial b_1}{\partial x_3} + \dfrac{\partial b_2}{\partial x_2} + \dfrac{\partial b_3}{\partial x_3} = 0
\end{cases}
$$

전류밀도는 전하의 밀도에 전하의 벡터 속력을 곱한 것으로 정의되므로 $\mathbf{i}$는 벡터이다. 위의 첫 세 식에 따르면 $\mathbf{e}$도 분명 벡터로 간주된다. 그렇다면 $\mathbf{h}$는 벡터로 볼 수 없다.[*] 하지만 이것을 2차반대칭텐서로 보면 이 식들은 쉽게 해석된다. 따라서 h_1, h_2, h_3를 각각 h_{23}, h_{31}, h_{12}로 바꿔 쓰고 $h_{\mu\nu}$의 반대칭성에 주목하면 (19)와 (20)의 첫 세 식은 다음과 같이 쓸 수 있다.

(19a)
$$\frac{\partial h_{\mu\nu}}{\partial x_\nu} + \frac{1}{c}\frac{\partial e_\mu}{\partial t} + \frac{1}{c} i_\mu$$

(20a)
$$\frac{\partial e_\mu}{\partial x_\nu} + \frac{\partial e_\nu}{\partial u_\mu} = +\frac{1}{c}\frac{\partial h_{\mu\nu}}{\partial t}$$

e와 대조적으로 **h**는 각속력angular velocity와 같은 종류의 대칭성을 가진 양으로 보인다. 그러면 발산divergence에 대한 식은 아래와 같은 모습이 된다.

(19b)
$$\frac{\partial e_\nu}{\partial x_\nu} = \rho$$

(20b)
$$\frac{\partial h_{\mu\nu}}{\partial x_\rho} + \frac{\partial h_{\nu\rho}}{\partial x_\mu} + \frac{\partial h_{\rho\mu}}{\partial x_\nu} = 0$$

위의 마지막 식은 3차반대칭텐서의 식이다(모든 첨자 쌍들

◆ 이런 접근법은 독자들이 4차원적 방법의 독특한 어려움을 겪지 않고도 텐서 연산에 친밀해지도록 해주며, 나아가 특수상대성이론에 나오는 비슷한 내용(장場에 대한 민코프스키의 해석)도 어렵잖게 이해하도록 해준다.

에 대한 좌변의 반대칭성은 $b_{\mu\nu}$의 반대칭성에 주목하면 쉽게 증명된다). 이는 흔히 쓰이는 것보다 더 자연스러운데, 그 이유는 보통의 것과 달리 부호를 바꾸지 않아도 우선성과 좌선성의 직교좌표계 모두에서 바로 쓰일 수 있기 때문이다.

특수
상대성이론

The
THEORY
of
SPECIAL
RELATIVITY

2
특수상대성이론

강체의 배향配向에 대한 지금까지의 논의는 유클리드기하의 정당성 여부에 상관없이, 공간의 모든 방향은 배향이 서로 다른 모든 직교좌표계가 물리적으로 동등하다는 가정에 근거하고 있다. 이는 '방향상대성원리principle of directional relativity'라고 할 수 있다. 앞서 우리는 텐서미적분tensor calculus을 활용하여 자연의 법칙을 나타내는 방정식들이 어떻게 이 원리에 부합하도록 꾸며질 수 있는지를 살펴보았다.

이제 기준공간의 운동 상태에 대한 상대성원리라는 것이 존재하는지에 대해 묻고자 한다. 이것은 곧 상대적으로 다른 운동 상태에 있지만 물리적으로 동등한 기준공간이 존재하는지를 묻는 것이다. 역학적 관점에서 보면 동등한 기준공간이 분명 존재하는 것 같다. 왜냐하면 지구상에서 행하는 실험들이 지구가 태양에 대해 초속 약 30킬로미터로 움직인다는 사실에 대해서는 언급하지 않기 때문이다.

반면 임의로 움직이는 기준공간들 사이에는 물리적 동등성이 성립하지 않는다. 간단한 예로 불규칙한 속력으로 덜컹거리며 달리는 기차에서 보는 역학적 현상은 일정한 속력으로 평온하게 달리는 기차에서의 경우와 다르다. 또한 지구에 대한 상대적 운동의 방정식을 쓸 때는 지구의 회전에 의한 영향을 반영해야 한다. 이것은 마치 관성계inertial system라는 직교좌표계가 역학, 더 넓게는 물리학의 법칙들과 관련하여 가장 단순한 형태인 듯 보인다.

따라서 우리는 다음 명제의 타당성을 인정할 수 있다. K가 관성계이면, 에 대해 회전하지 않고 일정한 속력으로 움직이는 다른 모든 K'도 관성계이며, 자연법칙은 모든 관성계에서 똑같이 성립한다. 이 명제를 '특수상대성원리principle of special relativity'라고 부르기로 하자. 앞서 방향상대성원리를 토대로 그랬듯, 이 '병진상대성원리principle of translational relativity'를 토대로 삼아서도 몇 가지의 결론들을 이끌어낼 수 있다.

이를 위해서는 먼저 다음 문제를 해결해야 한다. 어떤 사

건을 관성계 K에서 직교좌표 x_v와 시간 t로 묘사했다면, K에 대해 일정한 속력으로 움직이는 관성계 K'에서는 이 똑같은 사건을 어떤 x'_v와 t'로 묘사해야 할까? 상대성이론 이전의 물리학에서는 무의식적으로 다음 두 가지의 가정을 함으로써 이 문제를 해결했다.

1. 시간은 절대적이다: 사건 K'에 대한 시간 t'은 K에 대한 시간 t와 같다. 만일 신호가 서로 떨어진 두 지점 사이에서 즉각적으로 전해질 수 있고 시계의 운동 상태가 시간의 흐름에 아무 영향을 주지 않는다면, 이 가정은 물리적으로 정당하다. 그럴 경우 복제되어 똑같이 조절되는 시계들을 정지한 K와 K'의 여러 곳에 설치하면 K와 K'의 상대적 운동에 상관없이 시계들이 가리키는 시간은 모두 같을 것이다. 따라서 어떤 사건이 발생한 시간은 그 사건에 인접한 시계의 시간으로 기록하면 된다.
2. 길이는 절대적이다: 어떤 간격의 길이가 이에 대해 정지한 K에서 s였다면 K에 대해 움직이는 K'에서도 s이다.

만일 K와 K'의 좌표축이 서로 평행이라면 위의 두 가정을 토대로 다음과 같은 간단한 변환식을 얻을 수 있다.

(21)
$$\begin{cases} x'_{\nu} = x_{\nu} - a_{\nu} - b_{\nu}t \\ t' = t - b \end{cases}$$

이 변환은 '갈릴레오변환Galilean Transformation'이라고 한다. 첫 번째 식을 시간에 대해 두 번 미분하면 다음과 같다.

$$\frac{d^2x'_{\nu}}{dt^2} = \frac{d^2x_{\nu}}{dt^2}$$

한편 동시에 일어난 두 사건에 대해서는 다음과 같은 관계가 성립한다.

$$x'^{(1)}_{\nu} - x'^{(2)}_{\nu} = x^{(1)}_{\nu} - x^{(2)}_{\nu}$$

두 점을 잇는 거리의 불변성은 제곱하고 더하면 나온다. 또한 이로부터 뉴턴의 운동방정식이 (21)의 갈릴레오변환에 대해 불변이란 점도 쉽게 도출된다. 그러므로 시간과 길이가 모두 절대적이라는 위의 두 가정이 옳다면 고전역학이 특수 상대성원리에 부합한다는 점도 당연히 성립한다.

하지만 병진상대성을 갈릴레오변환의 토대 위에 정립하려는 시도는 전자기 현상에서 실패하게 된다. 그것은 맥스웰-

로렌츠의 전자기방정식이 갈릴레오변환에 대해 불변이 아니기 때문이다. 특히 (21)에 따르면 K에서 c인 광속은 K'에서 방향에 따라 달라진다. 그러므로 기준공간 K의 물리적 성질은 상대적 운동을 하는 다른 모든 기준공간과 구별되며, 이런 뜻에서 K는 정지한 에테르quiescent ether의 역할을 한다.

그러나 지구를 기준체로 삼아 시행된 전자기와 광학적 현상에 대한 모든 실험들의 결과는 지구의 병진 속력으로부터 아무런 영향을 받지 않았다. 이런 실험들 가운데 가장 유명한 것은 앨버트 마이컬슨Albert Michelson, 1852~1931과 에드워드 몰리Edward Morley, 1838~1923의 실험이다. 이 강의에서는 모두 잘 알고 있을 것으로 생각한다. 그러므로 전자기 현상에 대한 특수상대성원리의 정당성에도 의문의 여지는 없었다.

맥스웰-로렌츠 방정식은 움직이는 물체의 광학 문제들을 다루면서 그 정당성이 입증되었다. 반면 이외의 다른 어떤 이론도 움직이는 물체에서 빛이 전파되는 현상(아르망 피조의 발견)과 이중성에서 관찰되는 현상(빌럼 드 지터의 발견)을 만족스럽게 설명하지 못했다. 따라서 '진공에서의 광속은 c'라는 맥스웰-로렌츠 방정식의 결론은 적어도 특정 관성계 K에 대해서는 명백히 입증된 것이다. 나아가 특수상대성원리를 고려하면 '광속일정원리' 는 다른 모든 관성계들에서도 성립된다.

특수상대성원리와 광속일정원리로부터 결론들을 도출하기 전에 '시간' 과 '속력' 이라는 개념의 물리적 중요성을 살펴보아야 한다. 앞에서 이미 이야기했지만 물리적으로 볼 때 관성계에 대한 좌표는 강체를 이용한 측정과 구성을 통해 규정된다.

한편 시간을 측정하기 위해 우리는 관성계 K에 대해 정지한 시계 U를 상정했다. 하지만 이 시계로는 이로부터 무시할 수 없을 정도로 멀리 떨어진 곳에서 발생한 사건의 시간을 확정할 수 없다. 왜냐하면 시계의 시간과 사건의 시간을 동시에 비교할 수 있는 '즉각적인 신호' 가 없기 때문이다.

이런 상황에서 시간의 정의를 완성하려면 진공에서의 광속은 일정하다는 광속일정원리를 이용해야 한다. 이를 위해 똑같은 시계들을 정지한 관성계 K의 여러 점들에 배치하고 그 시간을 다음과 같은 방법으로 설정한다고 상상해보자. 한 시계 U_m이 t_m이라는 시간을 가리킬 때 빛을 보내면 이 빛은 진공 중의 거리 r_{mn}을 지나 시계 U_n에 이른다. 그러면 그 순간 시계 U_n의 시간 t_n을 $t_n = t_m + \dfrac{r_{mn}}{c}$ 로 설정한다.◆

이 과정을 광속일정원리에 비추어 생각해보면 모순은 존

재하지 않는다. 시계들을 이렇게 배치, 설정함으로써 우리는 모든 사건들의 시간을 그 주변에 있는 각각의 시계를 이용하여 기록할 수 있다. 주목할 것은 시계들은 관성계 K에 대해 정지해 있으므로, 그 시간은 오직 관성계 K에 대해서만 옳다는 점이다. 상대성이론 이전의 물리학에서 가정되었던 시간의 절대성, 곧 시간은 관성계의 선택에 무관하다는 속성은 이 정의로부터 도출되지 않는다.

상대성이론은 정당한 근거 없이 빛의 전파에 이론적으로 핵심적인 역할을 맡겼다는 점, 곧 빛의 전파를 통해 시간의 개념을 수립했다는 점에서 비난을 받곤 한다. 그렇게 하게된 배경을 살펴보면 대략 다음과 같다. 시간의 개념에 물리적 의의를 부여하려면 서로 다른 지점 사이의 관계를 정립할수 있는 현상이 필요하다.

물론 시간의 정의를 위해 무엇을 선택할 것인가 하는 문제는 본질적으로 중요하지 않다. 다만 논리적 체계를 위해서 우리가 확실히 알고 있는 것을 택하는 것이 유리하다. 이런 관점에서 볼 때 진공 중의 광속은 맥스웰과 로렌츠의 연구

◆ 엄밀히 말하면 다음과 같이 동시성을 먼저 정의하는 게 더 옳다: 관성계 K의 A와 B에서 일어난 두 사건은 중간 지점 M에서 같은 시간에 관찰되면 동시에 일어난 사건들이다. 그러면 시간은 K에 대해 정지한 똑같은 시계들이 집단적으로 동시에 가리키는 눈금의 값으로 정의된다.

덕분에 현재 시점에서 가장 정확하게 알려져 있으므로 최적의 후보라고 할 수 있다.

이상의 논의를 되새겨보면 시간과 공간의 데이터는 한낱 환상이 아닌 물리적 실질성을 가진다. 특히 이것은 (21)과 같이 시간과 좌표가 들어가는 모든 관계식들의 예에서도 마찬가지다. 그러므로 이런 식들이 옳은지 그른지를 묻는 것은 의미 있는 일이며, 한 관성계 K에서 이와 상대적으로 움직이고 있는 다른 관성계 K'으로 옮겨갈 때 적용할 올바른 변환식은 무엇인지 묻는 것도 마찬가지다. 그런데 이 문제는 특수상대성원리와 광속일정원리에 의해 명확하게 해결된다. 이제 이에 대해 살펴보도록 하자.

이미 설명한 바와 같이 시간과 공간이 두 관성계 K와 K'에 대해 정의되고, 한 빛줄기가 K의 한 점 P_1에서 다른 점 P_2로 진공을 통해 발사되었다고 하자. 두 점 사이의 거리를 r이라고 하면 이 빛은 다음 식을 충족한다.

$$r = c \Delta t$$

이 식을 제곱하고 r^2을 좌표들의 차 Δx_v로 나타내면 위의 식은 다음과 같이 고쳐 쓸 수 있다.

상대성이란 무엇인가

(22)
$$\sum (\varDelta x_\nu)^2 - c^2 \varDelta t^2 = 0$$

이 식은 K에 대한 광속일정원리를 나타내므로 광원의 속력과 상관없이 성립되어야 한다.

이 빛줄기를 K'에 대해서도 생각해보자. 그러면 이때도 광속일정원리는 충족되어야 하므로 K'에 대해 다음 식이 성립한다.

(22a)
$$\sum (\varDelta x'_\nu)^2 - c^2 \varDelta t'^2 = 0$$

(22)와 (22a)는 K와 K' 사이의 변환식과 상충하지 않아야 하는데, 이에 부합하는 변환을 '로렌츠변환Lorentz transformation'이라고 한다.

이 변환을 자세히 살펴보기 전에 시간과 공간에 대한 몇 가지의 일반적 사항들을 짚고 넘어가자. 상대성이론 이전의 물리학에서 시간과 공간은 서로 분리된 요소들이어서 시간은 기준공간의 선택과 무관하게 규정되었다. 뉴턴 역학은 기준공간에 대해 상대적이다. 예를 들어 "동시가 아닌 두 사건이 한 장소에서 일어났다"라는 서술은 기준공간과 무관한 객관적 의미를 갖지 않는다.

하지만 이런 상대성은 올바른 이론을 세우는 데에 아무런 역할을 하지 못했다. 사람들은 공간상의 각 점들도 시간상의 각 순간처럼 절대적인 실체로 생각했다. 따라서 시공간을 규정하는 요소는 x_1, x_2, x_3와 t의 네 수로 규정된 사건이란 점을 깨닫지 못했다.

다시 말해 '뭔가 일어난다'라는 관념은 언제나 4차원 연속체상의 관념이지만, 상대성이론 이전에는 절대적인 시간 관념에 의해 차단되었다. 그러나 시간의 절대성, 특히 동시성의 절대성에 대한 가설을 포기하자마자 시공간 관념의 4차원성이 즉각 드러났다. 물리적 실체성을 지닌 것은 공간의 점이나 시간의 순간들이 아니라 사건 자체일 뿐이다.

앞으로 보게 되겠지만 두 사건 사이에 성립하는 기준공간과 무관한 절대적 관계를 공간과 시간의 각각에 대해서 얻기는 불가능하며, 공간과 시간을 함께 엮어야만 얻을 수 있다. 이처럼 4차원 연속체를 3차원의 공간과 1차원의 시간 연속체로 분리함에 있어 어떤 합리적 근거도 없다는 사실은 자연의 법칙들이 4차원 시공연속체에서 표현될 때 논리적으로 가장 만족스러운 형태를 갖게 됨을 암시한다. 이런 바탕 위에 상대성이론의 방법론은 헤르만 민코프스키Hermann Minkowski, 1864~1909의 연구에 힘입어 큰 발전을 이룬다.

이 관점에 따르면 x_1, x_2, x_3, t는 4차원 연속체에서 일어나는 사건의 네 좌표로 보아야 한다. 인간은 4차원 연속체상의 관계를 시각적으로 파악하고자 할 경우 3차원 유클리드연속체에서보다 훨씬 많은 어려움을 겪는다. 하지만 3차원의 유클리드기하에 나오는 개념과 관계들은 본질적으로 우리의 마음속에서 구성된 추상적인 것들이므로, 우리가 시각과 촉각을 통해 형성하는 이미지들과는 결코 같지 않다는 사실을 유념해야 한다.

또 사건과 관련된 4차원 연속체를 분리할 수 없다고 해서 시간 좌표와 공간 좌표가 동등하다는 뜻은 아니라는 점도 유의해야 한다. 실제로는 시간 좌표와 공간 좌표는 이와 정반대로 물리적으로 전혀 다르게 정의된다. (22)와 (22a)를 같다고 놓으면 로렌츠변환이 정의되는데, 이때 Δt^2의 부호가 Δx_1^2, Δx_2^2, Δx_3^2의 부호와 다르다는 사실은 시간 좌표와 공간 좌표의 역할이 다르다는 점을 분명히 보여준다.

로렌츠변환을 규정하는 조건을 분석하기 전에 앞으로 나올 식들에서 상수 c가 드러나지 않도록 하기 위해 시간 t를 대신할 빛시간light-time $l=ct$를 도입한다. 그러면 로렌츠변환은 아래의 식이 불변이 되도록 정의된다.

(22b) $$\Delta x_1{}^2 + \Delta x_2{}^2 + \Delta x_3{}^2 - \Delta l^2 = 0$$

즉 두 가지 사건(한 곳에서 발사된 빛이 다른 곳에서 흡수되는 것과 같은)이 한 관성계 내에서 이루어진다는 것은, 위의 식이 모든 관성계에서 성립된다는 뜻이다.

끝으로 민코프스키의 제안에 따라 실시간좌표 $l=ct$ 대신에 아래와 같은 허시간좌표를 도입한다.

$$x_4 = il = ict(\sqrt{-1} = i)$$

그러면 로렌츠변환에 대해 불변이면서 빛의 전파를 규정하는 식을 다음과 같이 쓸 수 있다.

(22c) $$\sum_{(4)} \Delta x_\nu{}^2 = \Delta x_1{}^2 + \Delta x_2{}^2 + \Delta x_3{}^2 + \Delta x_4{}^2 = 0$$

아래의 양이 로렌츠변환에 대해 불변이어야 한다는 일반적인 조건을 충족시키면, 위의 조건은 어떤 경우에도 항상 충족된다.♦

♦ 이렇게 규정하는 게 문제의 본질과 잘 부합한다는 점은 나중의 논의에서 분명해질 것이다.

(23) $$s^2 = \Delta x_1^2 + \Delta x_2^2 + \Delta x_3^2 + \Delta x_4^2$$

그런데 이 일반적 조건은 변환이 일차변환일 때, 곧 아래와 같은 형태일 때에만 충족된다.

(24) $$x'_\mu = a_\mu + b_{\mu\alpha} x_\alpha$$

위의 α에 대한 총합은 α가 1에서부터 4까지에 걸쳐 이루어진다. 차원의 수와 실수성實數性을 무시하면서 (23)과 (24)를 잠깐 살펴보면 이렇게 정의된 로렌츠변환은 유클리드기하에서의 병진 및 회전의 변환과 같다는 점을 알 수 있다. 한편 계수 $b_{\mu\alpha}$는 다음 관계를 충족해야 한다.

(25) $$b_{\mu\alpha} b_{\nu\alpha} = \delta_{\mu\nu} = b_{\alpha\mu} b_{\alpha\nu}$$

x_ν의 비율들은 실수이므로 α_μ와 $b_{\mu\alpha}$는 순허수인 a_4, b_{41}, b_{42}, b_{43}, b_{14}, b_{24}, b_{34}를 제외하고는 모두 실수이다.

특수로렌츠변환 만일 두 좌표만 변환되고 새 원점을 정하는 데에만 쓰이는 a_μ가 모두 0이라면 (24)와 (25)의 가장 단순한 변환을 얻을 수 있다. 그러면 (25)가 내놓는 세 가지의 독립적인 조건들에 의해 첨자 1과 2에 대한 다음 식이 나온다.

$$
(26) \quad
\begin{cases}
x'_1 = x_1 \cos \varphi - x_2 \sin \varphi \\
x'_2 = x_1 \sin \varphi + x_2 \cos \varphi \\
x'_3 = x_3 \\
x'_4 = x_4
\end{cases}
$$

이는 주어진 공간 안에서 x_3축에 대해 공간좌표계를 회전시킨 것에 불과하다. 이로부터 우리는 앞서 살펴보았던 (시간 변환 없는) 공간상의 회전 변환이 로렌츠변환의 한 특수한 경우임을 알 수 있다. 비슷한 방식으로 첨자 1과 4에 대한 다음의 변환식을 얻을 수 있다.

$$
(26a) \quad
\begin{cases}
x'_1 = x_1 \cos \psi - x_4 \sin \psi \\
x'_4 = x_1 \sin \psi + x_4 \cos \psi \\
x'_2 = x_2 \\
x'_3 = x_3
\end{cases}
$$

실수성에 비추어보면 ψ는 허수여야 한다. 이 식들을 물리적으로 해석하기 위해 실수 빛시간 l을 도입하고, 허수각 ψ 대신 K에 대한 K'의 상대속력 v를 써보자. 그러면 다음의 식들이 도출된다.

$$x'_1 = x_1 \cos\psi - il \sin\psi$$
$$l' = -ix_1 \sin\psi + l \cos\psi$$

K'의 원점, 곧 $x'_1 = 0$에서는 $x_1 = vl$이어야 하므로 위의 첫 번째 식에서 다음 식이 나오고,

(27) $$v = i \tan\psi$$

또한 다음 식이 얻어지며,

(28)
$$\begin{cases} \sin\psi = \dfrac{-iv}{\sqrt{1-v^2}} \\[2mm] \cos\psi = \dfrac{1}{\sqrt{1-v^2}} \end{cases}$$

이에 따라 다음 식이 도출된다.

$$(29) \quad \begin{cases} x_1' = \dfrac{x_1 - vl}{\sqrt{1 - v^2}} \\[2mm] l' = \dfrac{l - vx_1}{\sqrt{1 - v^2}} \\[2mm] x_2' = x_2 \\[2mm] x_3' = x_3 \end{cases}$$

이 식들이 잘 알려진 특수로렌츠변환이다. 일반적으로 말한다면 이는 4차원 좌표계에서 일정한 허수각만큼 돌아가는 회전을 나타낸다. 만일 빛시간 l 대신 보통의 시간 t를 쓰고자 한다면, (29)에서 l과 v에 ct와 $\dfrac{v}{c}$를 각각 대입하면 된다.

우리는 여기에서 한 가지 중요한 간극을 메워야 한다. 먼저 광속일정원리로부터 아래의 관계가 관성계의 선택에 무관하다는 중요한 결론이 얻어진다.

$$\sum \Delta x_\nu^2 = 0$$

하지만 이로부터 $\sum \Delta x_\nu^2$가 불변량이라는 결론은 얻어지지 않는다. 이 양은 어떤 인자와 함께 변환될 수 있는데, 이는 (29)의 우변을 v에 의존하는 인자 λ로 곱할 수 있다는 사실에 근거한다. 그러나 다음에서 보게 되듯 상대성원리에 따르면 이 인자는 1이어야 한다. 어떤 강체 원통이 축 방향으로 움직인다고 하자. 그러면 운동 상태의 반지름 R은 정지 상태의 반지름이 R_0와 다를지도 모른다.

상대성이론은 물체가 기준공간에 대해 움직일 때 그 모양이 불변이라고 가정하지 않기 때문이다. 하지만 공간의 모든 방향은 서로 동등해야 한다. 그렇다면 R은 속력의 크기 q에만 의존할 뿐 방향에는 의존하지 않을 것이며, 따라서 R은 q에 대한 짝함수여야 한다. 만일 원통이 K'에 대해 정지해 있다면 옆면은 다음 식으로 나타낼 수 있다.

$$x'^2 + y'^2 = R_0^2$$

(29)의 끝 두 식을 너 일반적으로 쓰면 다음과 같다.

$$x'_2 = \lambda x_2$$
$$x'_3 = \lambda x_3$$

그러면 원통의 옆면을 K에 대해 나타낸 식은 다음과 같다.

$$x^2 + y^2 = \frac{{R_0}^2}{\lambda^2}$$

그러면 λ 인자는 반지름 방향의 수축을 나타내므로, 위에서 보았듯 v에 대한 짝함수여야 한다. 만일 K'에 대해 K의 x축 음의 방향으로 속력 v로 움직이는 셋째 좌표계 K''을 도입하고 (29)를 두 번 적용하면 다음 식들이 나온다.

$$x''_1 = \lambda(v)\lambda(-v)x_1$$

$$\cdot \quad \cdot \quad \cdot \quad \cdot$$

$$l'' = \lambda(v)\lambda(-v)l$$

$\lambda(v)$는 $\lambda(-v)$와 같아야 하고, 모든 좌표계에서 동일한 자로 측정해야 한다. $\lambda = -1$의 가능성은 고려할 필요가 없으므로, K''에서 K로의 변환은 항등변환identical transformation이어야 한다. 물론 이 검토에서 측정 도구인 자가 이전에 겪었던 운동 상태의 영향을 받지 않는다고 가정하는 것은 필수적이다.

움직이는 자와 시계 K의 특정 시간 $l = 0$에 $x'_1 = n$의 정수로 규정되는 점들의 위치는 K에 대해 $x_1 = n\sqrt{1-v^2}$이 된다. 이는 (29)의 첫 번째 식에서 얻어지며 로렌츠수축Lorentz contraction을 나타낸다. 한편 K의 원점 $x_1=0$에 정지해 있고 일정한 시간 간격이 $l=n$으로 주어지는 시계를 K'에서 보면 그 시간 간격은 다음과 같이 바뀐다.

$$l'=\frac{n}{\sqrt{1-v^2}}$$

이 식은 (29)의 두 번째 식에서 얻어지며, 이에 따르면 이 시계는 K'에 대해 정지한 시계보다 느리게 간다. 두 결론은 다른 기준계들에서 입장을 서로 바꾸어도 똑같이 성립하며, 로렌츠변환의 실질적 내용을 이룬다.

속력의 덧셈정리 상대속력이 v_1과 v_2인 두 가지의 특수로렌츠변환을 결합하면 이로부터 얻어지는 단일한 로렌츠변환의 속력은 (27)에 따라 다음과 같이 주어진다.

(30)　　$v_{12}=i\tan(\psi_1+\psi_2)=i\frac{\tan\psi_1+\tan\psi_2}{1-\tan\psi_1\tan\psi_2}=\frac{v_1+v_2}{1+v_1v_2}$

로렌츠변환에 대한 일반 사항과 불변량이론 특수상대성이론의 불변량이론은 모두 (23)의 불변량 s^2에 의존한다. 형식적으로 이는 4차원 시공연속체에서 상대성이론 이전의 물리학과 유클리드기하에서의 $\Delta x_1{}^2 + \Delta x_2{}^2 + \Delta x_3{}^2$이라는 불변량과 같은 역할을 한다. 로렌츠변환에 대한 불변량은 $\Delta x_1{}^2 + \Delta x_2{}^2 + \Delta x_3{}^2$이 아니라 (23)의 s^2이다. 임의의 두 사건과 관련된 s^2은 주어진 단위에 대해 확정적인 값을 갖는 양이기 때문에 임의의 관성계에 관한 측정으로 결정될 수 있다.

s^2은 유클리드기하의 불변량과 차원의 수가 다르다는 점 외에도 다음과 같은 점에서 다르다. 유클리드기하에서 s^2은 두 점이 일치할 때만 0이고 그 외에는 언제나 양수이다. 하지만 시공간에서는 다음 식의 값이 0이라도 두 점이 반드시 일치한다고 말할 수 없다.

$$s^2 = \sum \Delta x_\nu{}^2 = \Delta x_1{}^2 + \Delta x_2{}^2 + \Delta x_3{}^2 - \Delta t^2$$

시공간에서의 $s^2 = 0$은 두 점이 진공 중의 빛 신호로 연결될 수 있다는 사실을 뜻하는 불변량 조건이 된다. P가 x_1, x_2, x_3, t로 이루어진 4차원 공간의 한 점(사건)이라면 $s^2 = 0$이라는 원뿔 위의 모든 점들은 빛 신호에 의해 P와 연결될 수 있다.

그림 1은 이를 보여주는데 그림으로는 4차원을 나타낼 수 없기 때문에 공간의 세 차원 가운데 x_3은 생략했다. 꼭지점

[그림 1]

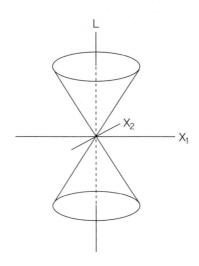

을 맞댄 모습으로 그려진 두 원뿔 가운데 위의 원뿔은 P에서 빛을 보낼 수 있는 모든 점, 아래의 원뿔은 P로 빛을 보낼 수 있는 모든 점들을 포함한다. P와 원뿔 안의 모든 점 P'을 연결해서 얻는 s^2의 값은 음수이며, 민코프스키에 따르면 이런 경우의 PP'과 $P'P$는 시간성time-like이다. 이 간격들은 광속보다 느린 속력으로 움직여서 갈 수 있는 경로들♦을 의미하는데, 이 경우 관성계의 운동 상태를 적절히 택하면 l축을

♦ 물체가 광속보다 빨리 움직일 수 없다는 사실은 특수로렌츠변환 (29)에 들어 있는 $\sqrt{1-v_2}$로부터 도출된다.

PP' 방향으로 그릴 수 있다. 만일 P' 이 '빛원뿔light-cone'의 밖에 있으면 PP' 은 공간성space-like이라고 하며, 이 경우 관성계를 적절히 택하면 Δl을 0으로 만들 수 있다.

민코프스키는 허수의 시간변수 $x_4 = il$을 도입하여 4차원 연속체에서의 불변량이론을 3차원 유클리드공간 연속체에서의 불변량이론과 아주 닮은 형태로 만들었다. 따라서 특수상대성이론의 4차원 텐서이론은 3차원 공간의 텐서이론과 비교할 때 실수성과 차원의 수에서만 다르다.

x_1, x_2, x_3, x_4로 이루어진 임의의 관성계에서 4개의 양 A_ν로 이루어진 물리적 요소가 Δx_ν에 대응하는 실수성과 변환성을 가지면 4개의 성분 A_ν를 가진 4-벡터4-vector라고 한다. 이는 경우에 따라 시간성 또는 공간성일 수 있다. 이때 $A_{\mu\nu}$라는 16개의 양들이 다음과 같이 변환한다면 이것들은 2차 텐서의 성분이 된다.

$$A'_{\mu\nu} = b_{\mu\alpha} b_{\nu\beta} A_{\alpha\beta}$$

이로부터 $A_{\mu\nu}$는 실수성과 변환성에 있어 4-벡터 (U)와 (V)의 성분들인 U_μ와 V_μ의 곱과 같이 행동한다는 결론을 얻을 수 있다. 성분들 가운데 첨자에 4가 한 번 들어간 것들은

순허수이고, 이것들을 제외한 나머지는 모두 실수이다. 3차 이상의 고차텐서들도 비슷한 방법으로 정의할 수 있다. 또한 이 텐서들의 덧셈, 뺄셈, 곱셈, 축약, 미분도 3차원 공간의 텐서들에 대한 해당 연산들과 사실상 완전히 같다.

텐서이론을 4차원 시공연속체에 적용하기 전에 반대칭텐서에 대해 더 살펴보자. 일반적으로 2차텐서에는 $4 \times 4 = 16$개의 성분이 있다. 하지만 반대칭텐서의 경우 두 첨자가 같은 성분들은 0이고 다른 성분들은 첨자의 순서가 반대인 것들끼리 서로 부호만 다르다. 따라서 전자기장에서와 같이 독립성분은 6개뿐이다. 곧이어 보겠지만 실제로 전자기장을 반대칭텐서로 보면 맥스웰 방정식은 텐서방정식으로 생각할 수 있다. 나아가 모든 첨자쌍들에 대해 반대칭인 3차의 반대칭텐서는 3개의 첨자를 서로 다르게 조합하는 방법이 4가지이므로 독립성분도 4개뿐이다.

이제 (19a), (19b), (20a), (20b)의 맥스웰 방정식으로 돌아가 $\varphi_{\mu\nu} = -\varphi_{\mu\nu}$라는 관습 아래 다음의 표기법을 도입한다.◆

◆ 혼란을 피하기 위해 이제부터는 공간의 세 차원을 숫자 1, 2, 3이 아니라 x, y, z로 나타내고 1, 2, 3, 4는 4차원 시공연속체를 나타내는 데에 쓰기로 한다.

(30a)
$$\begin{cases} \varphi_{23} & \varphi_{31} & \varphi_{12} & \varphi_{14} & \varphi_{24} & \varphi_{34} \\ b_{23} & b_{31} & b_{12} & -ie_x & -ie_y & -ie_z \end{cases}$$

(31)
$$\begin{cases} J_1 & J_2 & J_3 & J_4 \\ \dfrac{1}{c}i_x & \dfrac{1}{c}i_y & \dfrac{1}{c}i_z & i\rho \end{cases}$$

그러면 맥스웰 방정식은 (30a)와 (31)을 대입하여 쉽게 보일 수 있듯 아래의 형태로 통합된다.

(32)
$$\frac{\partial \varphi_{\mu\nu}}{\partial x_\nu} = J_\mu$$

(33)
$$\frac{\partial \varphi_{\mu\nu}}{\partial x_\sigma} + \frac{\partial \varphi_{\nu\sigma}}{\partial x_\mu} + \frac{\partial \varphi_{\sigma\mu}}{\partial x_\nu} = 0$$

(32)와 (33)은 텐서성을 가지므로 $\varphi_{\mu\nu}$와 J_μ가 텐서성을 가진다고 가정하면 로렌츠변환에 대해 불변이다. 따라서 이 양들을 한 관성계에서 다른 관성계로 변환시키는 법칙들은 유일하게 결정된다. 전자기학의 방법론이 특수상대성이론 덕분에 발전하게 된 이유는 주로 이것, 곧 독립된 가설의 수가 줄어든 덕분이다. 예를 들어 (19a)를 방향상대성의 관점에서만 보면 앞서 보았다시피 논리적으로 독립인 항은 3개이며, 여기에 전기장이 들어가는 방식은 자기장이 들어가는 방식

과 완전히 독립적으로 보인다. 따라서 $\dfrac{\partial e_\mu}{\partial l}$ 대신 $\dfrac{\partial^2 e_\mu}{\partial l^2}$ 가 들어가거나 아예 아무것도 없더라도 놀랄 일은 아니다.

반면 (32)에는 독립항이 둘뿐이다. 전기장이 이 식에 들어가는 방식은 자기장이 들어가는 방식에 의해 결정되므로 전자기장은 하나의 형식적 단위로 나타나며, 전자기장 외의 독립적인 양은 전류밀도뿐이다. 이와 같은 방법론상의 진보는 운동의 상대성 때문에 전기장과 자기장이 독립성을 잃은 데에서 유래한다. 그 결과 한 관성계에서 보면 전기장만 가진 장이 다른 관성계에서 보면 자기장도 갖게 된다. 구체적으로 다음과 같이 설명할 수 있다. 특수로렌츠변환이라는 특별한 경우에서 일반적인 변환식을 전자기장에 적용하면 다음의 식이 얻어진다.

$$
(34) \quad
\begin{cases}
e'_x = e_x & b'_x = b_x \\[2mm]
e'_y = \dfrac{e_y - v b_z}{\sqrt{1 - v^2}} & b'_y = \dfrac{b_y + v e_z}{\sqrt{1 - v^2}} \\[2mm]
e'_z = \dfrac{e_z + v b_y}{\sqrt{1 - v^2}} & b'_z = \dfrac{b_z - v e_y}{\sqrt{1 - v^2}}
\end{cases}
$$

K에 대해 자기장 $\mathbf{h}$만 있고 전기장 $\mathbf{e}$는 없더라도 K' 대해서는 전기장 $\mathbf{e}'$ 도 있으며, 이 전기장은 K' 에 대해 정지한 전

하에 영향을 미친다.

K에 대해 정지한 관찰자는 이 힘을 비오–사바르힘Biot-Savart force 또는 로렌츠기전력Lorentz electromotive force이라고 부른다. 다시 말해서 이 힘은 전기장과 융합하여 하나의 요소가 된다.

이 관계를 정식으로 살펴보기 위해 단위부피의 전하에 미치는 힘을 생각해보자.

(35) $$\mathbf{k} = \rho\mathbf{e} + \mathbf{i} \times \mathbf{h}$$

여기에서 $\mathbf{i}$는 광속을 단위속력으로 삼아 나타낸 전하의 속력이다. (30a)와 (31)에 따라 J_μ와 $\varphi_{\mu\nu}$를 도입하면 첫째 성분에 대해 다음의 식을 얻는다.

$$\varphi_{12}J_2 + \varphi_{13}J_3 + \varphi_{14}J_4$$

φ_{11}은 텐서 (φ)의 반대칭성 때문에 0이 된다. k의 첫 세 성분은 다음 4차원 벡터의 첫 세 성분에서 나오고,

(36) $$K_\mu = \varphi_{\mu\nu}J_\nu$$

네 번째 성분은 다음과 같이 주어진다.

(37) $K_4 = \varphi_{41} J_1 + \varphi_{42} J_2 + \varphi_{43} J_3 = i(e_x i_x + e_y i_y + e_z i_z) = i\lambda$

이것은 단위부피당 4차원의 힘 벡터가 존재하는데, 그 첫 세 성분 k_1, k_2, k_3는 단위부피당 기전력이고 넷째 성분은 장의 단위부피당 일률에 $\sqrt{-1}$을 곱한 것이다.

(35)와 (36)을 비교하면 상대성이론은 전기장의 기전력 ρ **e**와 비오-사바르힘 **i**×**h**를 정식으로 통합한다는 점을 알 수 있다.

질량과 에너지 4-벡터 K_μ의 존재와 의의로부터 중요한 결론을 끌어낼 수 있는데, 이를 위해 어떤 물체에 전자기력이 한동안 작용했다고 생각해보자.

그림 2는 이 상황을 간단히 그린 것으로 Ox_1은 x_1축을 나타내지만 Ox_2와 Ox_3도 함축하고 있다. 그리고 Ol은 실시간을 나타내는 축이다. 시간 l에서 물체의 크기는 간격 AB로 표시되며, 주어진 시공간에서 이 물체가 차지하는 영역은 띠 모양으로 표현된다. 이 띠의 경계는 어디서나 Ol에 대해 45도 이하로 기울어져 있다. $l = l_1$과 $l = l_2$ 사이에서 l_1과 l_2까

[그림 2]

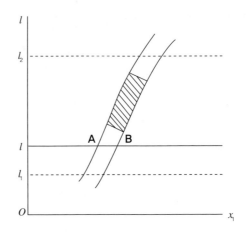

지 미치지 않은 범위 안에 음영으로 표시한 부분은 물체에 전자기장을 가한 시공간의 영역이다. 이 전자기장은 물체 속으로 전파되어 그 안의 전하들에게 영향을 미친다. 이제 이 작용 때문에 일어나는 물체의 운동량과 에너지의 변화를 살펴보자.

여기에서 이 물체에 대해 운동량원리와 에너지원리가 성립한다고 가정한다. 그러면 운동량의 변화 ΔI_x, ΔI_y, ΔI_z와 에너지의 변화 ΔE는 다음과 같이 나타낼 수 있다.

$$\Delta I_x = \int_{l_0}^{l_1} dl \int k_x dx dy dz = \frac{1}{i} \int K_1 dx_1 dx_2 dx_3 dx_4$$

$$\cdot \quad \cdot \quad \cdot \quad \cdot \quad \cdot \quad \cdot$$
$$\cdot \quad \cdot \quad \cdot \quad \cdot \quad \cdot \quad \cdot$$

$$\Delta E = \int_{l_0}^{l_1} dl \int \lambda dx dy dz = \frac{1}{i} \int \frac{1}{i} K_4 dx_1 dx_2 dx_3 dx_4$$

4차원의 체소體素, volume element는 불변량이다. 그리고 (K_1, K_2, K_3, K_4)는 4-벡터를 이루므로, 음영 부분에 대한 4차원 적분은 4-벡터처럼 변환된다. 또한 음영이 없는 부분은 적분에 아무런 기여를 하지 않기 때문에, l_1과 l_2 사이의 적분도 마찬가지다. 따라서 ΔI_x, ΔI_y, ΔI_z, $i\Delta E$는 4-벡터를 이룬다. 이 양들 자체는 그 변화량과 같은 방식으로 변환한다고 가정하면 I_x, I_y, I_z, iE는 한데 모여 벡터성을 갖게 된다. 그러면 이 양들은, 예를 들어 $l = l_1$이라는 시간에서와 같이, 특정 순간에 이 물체를 규정하는 조건으로 볼 수 있다.

이 4-벡터는 이 물체를 물질입자로 보고 그 질량과 속력으로 나타낼 수도 있는데, 이를 위해 먼저 다음 식을 보자.

(38) $-ds^2 = dr^2 = -(dx_1{}^2 + dx_2{}^2 + dx_3{}^2) - dx_4{}^2 = dl^2(1 - q^2)$

이것은 4차원 공간 속에서 이 물질입자가 움직이면서 그리는 선의 아주 작은 부분을 나타내는 불변량으로, 그 물리적 중요성은 다음과 같이 파악할 수 있다. 만일 시간축의 방향을 이 미소 선분의 방향에 일치시키면, 다시 말해서 이 물질입자의 상태를 정지한 상태로 변환한다면 $d\tau = dl$이 된다. 그러면 이 길이는 이 물질입자와 같은 곳에 놓여 이것과 상대적으로 정지해 있는 광초시계 light-second clock 로 잴 수 있으며, 이에 따라 τ는 이 물질입자의 고유시간 proper time 이라고 한다. dl과 달리 $d\tau$는 불변량이지만 광속에 비해 아주 느리게 움직이는 경우에는 실질적으로 dl과 같다. 그러므로 아래의 u_o는 dx_ν와 같이 벡터성을 가진다.

(39)
$$u_o = \frac{dx_o}{d\tau}$$

이런 이유로 (u_o)는 속도에 관한 4차원 속력벡터라고 부르는데 간단히 4-벡터라고도 한다. 이 벡터의 성분들은 (38)에 따라 다음 조건을 충족한다.

(40)
$$\sum u_o^2 = -1$$

그리고 그 성분들은 흔히 다음과 같이 나타낸다.

(41)
$$\frac{q_x}{\sqrt{1-q^2}} , \frac{q_y}{\sqrt{1-q^2}} , \frac{q_z}{\sqrt{1-q^2}} , \frac{i}{\sqrt{1-q^2}}$$

이 4-벡터는 3차원에서 다음과 같이 정의된 물질입자의 속력 성분들로 만들어낼 수 있는 유일한 4-벡터이다.

$$q_x = \frac{dx}{dl} , q_y = \frac{dy}{dl} , q_z = \frac{dz}{dl}$$

이에 따라 우리는 다음의 식이 운동량과 에너지를 나타낼 4-벡터와 같아야 한다는 점을 알 수 있는데, 이것의 존재는 앞서 이미 보았다.

(42)
$$\left(m \frac{dx_\mu}{d\tau} \right)$$

3차원 표기법을 써서 대응하는 성분들끼리 같이 놓으면 다음 식이 나온다.

(43)
$$\begin{cases} I_x = \dfrac{mq_x}{\sqrt{1-q^2}} \\ \quad \cdot \qquad \cdot \qquad \cdot \\ \quad \cdot \qquad \cdot \qquad \cdot \\ E = \dfrac{m}{\sqrt{1-q^2}} \end{cases}$$

우리는 이 운동량의 성분들이 속력이 광속보다 아주 느린 경우에 대한 고전역학의 결론과 일치함을 알 수 있다. 하지만 속력이 빨라짐에 따라 운동량은 갈수록 급속히 증가하며 광속에 접근하면 무한대로 발산한다.

(43)의 마지막 식을 정지한($q=0$) 물질입자에 적용하면, 그에 해당하는 에너지 E_0는 이 입자의 정지 질량과 같아진다. 이때 시간의 단위를 보통의 시간으로 바꾸면 다음 식이 얻어진다.

(44) $$E_0 = mc^2$$

다시 말해서 질량과 에너지는 본질적으로 동등하며, 같은 것에 대한 서로 다른 표현인 것이다. 즉 물체의 질량은 상수가 아니고 에너지에 따라 달라진다.[*] 또 우리는 (43)의 마지막 식으로부터 q가 1, 곧 광속에 접근함에 따라 E가 무한대로 발산함을 알 수 있다. 만일 E를 q^2에 대해 전개하면 다음과 같다.

---

[*] 방사성 붕괴를 통해 에너지가 방출된다는 것은 원자의 질량이 반드시 정수는 아니라는 사실을 뜻한다. (44)가 뜻하는 정지질량과 에너지의 동등성은 근래 여러 경우들에서 확인되었다. 방사성 붕괴에서 남은 질량의 합은 처음 질량의 합보다 항상 더 작으며, 이 질량 차이에 해당하는 에너지는 방출되는 입자들의 운동에너지와 전자파의 방사에너지로 전환된다.

(45)
$$E = m + \frac{m}{2} q^2 + \frac{3}{8} mq^4 + \ldots$$

위 식의 둘째 항은 고전역학적인 운동에너지에 해당한다.

물질입자의 운동방정식 (43)을 시간 l에 대해 미분하고 운동량원리를 적용한 결과를 3차원의 벡터 표기법으로 나타내면 다음과 같다.

(46)
$$\mathbf{K} = \frac{d}{dl} \left(\frac{\sqrt{m}\mathbf{q}}{1 - q^2} \right)$$

이 식은 로렌츠가 전자의 운동에 대해 사용한 적이 있는데, 베타선을 이용한 실험에서 높은 정확도로 입증되었다.

전자기장의 에너지텐서 상대성이론이 정립되기 전 운동량원리와 에너지원리는 전자기장에 대한 미분형으로 표현될 수 있다고 알려져 있었다. 그런데 이 원리들의 4차원적 표현은 에너지텐서라는 중요한 개념으로 이어졌으며, 이 개념은 상대성이론의 발전에 큰 기여를 했다.

다음 식은 단위부피당 힘의 4-벡터이다.

$$K_\mu = \varphi_{\mu\nu} J_\nu$$

J_μ를 장의 세기 $\varphi_{\mu\nu}$로 나타내기 위하여 변환을 하고 (32)와 (33)의 중력장방정식field equations of gravitation을 몇 번 되풀이 적용하면 다음 식이 나온다.

(47)
$$K_\mu = -\frac{\partial T_{\mu\nu}}{\partial x_\nu}$$

위 식의 $T_{\mu\nu}$를 풀어쓰면 다음과 같다.[*]

(48)
$$T_{\mu\nu} = -\frac{1}{4}\varphi_{\alpha\beta}^2 \delta_{\mu\nu} + \varphi_{\mu\alpha}\varphi_{\nu\alpha}$$

(47)의 물리적 의미는 아래처럼 새로운 표기법으로 고쳐 쓰면 분명히 드러나는데, 허수를 없애고 쓰면 다음과 같다.

◆ α와 β에 대해 총합을 해야 한다.

(47a)

$$\left\{
\begin{array}{l}
k_x = -\dfrac{\partial p_{xx}}{\partial x} - \dfrac{\partial p_{xy}}{\partial y} - \dfrac{\partial p_{xz}}{\partial z} - \dfrac{\partial (ib_x)}{\partial (il)} \\[4pt]
\quad \cdot \qquad \cdot \qquad \cdot \qquad \cdot \qquad \cdot \\[2pt]
\quad \cdot \qquad \cdot \qquad \cdot \qquad \cdot \qquad \cdot \\[4pt]
i\lambda = -\dfrac{\partial (is_x)}{\partial x} - \dfrac{\partial (is_y)}{\partial y} - \dfrac{\partial (is_z)}{\partial z} - \dfrac{\partial (-\eta)}{\partial (il)}
\end{array}
\right.$$

(47b)

$$\left\{
\begin{array}{l}
k_x = -\dfrac{\partial p_{xx}}{\partial x} - \dfrac{\partial p_{xy}}{\partial y} - \dfrac{\partial p_{xz}}{\partial z} - \dfrac{\partial b_x}{\partial l} \\[4pt]
\quad \cdot \qquad \cdot \qquad \cdot \qquad \cdot \qquad \cdot \\[2pt]
\quad \cdot \qquad \cdot \qquad \cdot \qquad \cdot \qquad \cdot \\[4pt]
\lambda = -\dfrac{\partial s_x}{\partial x} - \dfrac{\partial s_y}{\partial y} - \dfrac{\partial s_z}{\partial z} - \dfrac{\partial \eta}{\partial l}
\end{array}
\right.$$

(47b)를 보면 우리는 그 첫 세 식이 운동량원리에 대한 것임을 알 수 있는데, p_{xx}, $\cdots\cdots$, p_{zx}는 전자기장의 맥스웰응력들이고 (b_x, b_y, b_z)는 이 장의 단위부피당의 벡터 운동량이다. (47b)의 마지막 식은 에너지원리를 나타내며, **s**는 에너지의 벡터 유량이고, η는 이 장의 단위부피당의 에너지다. 한편 장의 세기에 대해 실수 성분을 도입하면 (48)로부터 전자기학에서 잘 알려진 다음 식을 얻을 수 있다.

$$(48a) \begin{cases} p_{xx}=-b_x b_x+\dfrac{1}{2}\,(b_x^2+b_y^2+b_z^2) \\[2mm] \qquad -e_x e_x+\dfrac{1}{2}\,(e_x^2+e_y^2+e_z^2) \\[2mm] \qquad\qquad\qquad p_{xy}=-b_x b_y-e_x e_y \\[2mm] \qquad\qquad\qquad p_{xz}=-b_x b_z-e_x e_z \\[2mm] \quad\cdot\quad\cdot\quad\cdot\quad\cdot\quad\cdot\quad\cdot\quad\cdot \\[1mm] \quad\cdot\quad\cdot\quad\cdot\quad\cdot\quad\cdot\quad\cdot\quad\cdot \\[1mm] b_x=s_x=e_y b_z-e_z b_y \\[2mm] \quad\cdot\quad\cdot\quad\cdot\quad\cdot\quad\cdot\quad\cdot\quad\cdot \\[1mm] \eta=+\dfrac{1}{2}\,(e_x^2+e_y^2+e_z^2+b_x^2+b_y^2+b_z^2) \end{cases}$$

(48)로부터 전자기장의 에너지텐서는 대칭임을 알 수 있는데, 이는 단위부피당 운동량과 에너지 유량이 서로 같다는 사실과 관련된다(에너지와 관성 사이의 관계).

이로부터 단위부피당 에너지가 텐서의 성질을 갖고 있다는 결론을 얻을 수 있다. 이는 전자기장의 경우에 한해서만 증명되었지만, 보편적으로도 정당하다고 인정된다.

맥스웰 방정식은 전하와 전류를 알고 있을 때의 전기장에 대해 알려준다. 그러나 우리는 전류와 전하를 지배하는 법칙은 모른다. 이것은 전하가 음전하를 띤 전자나 양전하를 띤 양성자와 같은 소립자들로 이루어져 있다는 사실은 알고 있지만, 그 이론적 배경에 대해서는 이해하지 못하고 있다는 뜻이다. 우리는 일정한 크기와 전하를 가진 입자들의 전하 분포를 결정하는 에너지 인자에 대해 알지 못하고 있으며, 이를 해명하려는 이론적 시도는 지금까지 모두 실패했다. 그러므로 우리는 맥스웰 방정식을 세울 수 있기는 하지만, 전자기장은 전하의 외부에서만 알 수 있을 뿐이다.♦

이처럼 에너지텐서에 대한 완전한 표현을 갖고 있다고 믿는 곳은 전하의 외부 영역뿐인데, 이 표현은 (47)로부터 다음과 같이 구해진다.

(47c)
$$\frac{\partial T_{\mu\nu}}{\partial x_\nu} = 0$$

보존원리에 대한 일반적 표현 우리는 에너지의 공간 분포가 대칭텐서 $T_{\mu\nu}$로 주어지며, 완전한 에너지텐서는 (47c)를 만족한다고 가정하고 싶어 한다. 이 가정을 인정하면 앞으로

♦ 전하를 띤 입자를 본유특이성으로 여겨 이 문제를 해결하려는 시도가 있다. 하지만 내 생각에 이는 물질의 구조에 대한 올바른 이해를 포기하는 것과 같다. 나는 겉보기로 그럴싸한 해답에 만족하기보다 현재의 흠결을 있는 그대로 받아들이는 게 훨씬 낫다고 생각된다.

[그림 3]

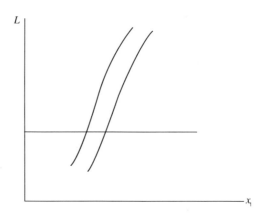

보게 되듯 적분에너지원리에 대한 제대로 된 식을 얻을 수 있기 때문이다.

공간적으로 한정되고 닫혀있는 계를 4차원적인 띠로 나타 내보자(그림 3). 그 외부에서는 $T_{\mu\nu}$가 0이라 보고 (47c)를 공 간에 대해 적분한다. 그러면 $T_{\mu\nu}$가 적분 구간의 끝에서 0이 므로 $\dfrac{\partial T_{\mu 1}}{\partial x_1}$, $\dfrac{\partial T_{\mu 2}}{\partial x_2}$, $\dfrac{\partial T_{\mu 3}}{\partial x_3}$ 의 적분은 0이며, 이에 따라 다음 식이 나온다.

(49)
$$\frac{\partial}{\partial l}\left\{\int T_{\mu 4}dx_1 dx_2 dx_3\right\}=0$$

괄호 안은 계 전체의 운동량에 대한 표현에 i를 곱한 것과

계의 음에너지를 합한 것이므로 (49)는 보존원리의 적분형이다. 이 식이 에너지와 보존원리에 대한 올바른 관념을 제공한다는 점은 다음과 같이 이해할 수 있다.

물질 에너지텐서의 현상론적 표현

유체역학 방정식 우리는 물질이 전하를 가진 입자들로 이루어져 있다는 것을 이미 잘 알고 있다. 하지만 이 입자들의 구성을 지배하는 법칙을 모르기 때문에, 기계적 문제를 다루려면 물질에 대한 부정확한 묘사에 의지해야 한다. 이것은 고전역학의 영역에 속하며, 물질의 밀도 σ와 유체역학적 압력은 그런 묘사의 바탕이 되는 근본 개념들이다.

어떤 물체와 함께 움직이는 좌표계에서 산출한 물체의 밀도를 σ_0라고 하자. 그러면 이 정지 상태의 밀도는 불변량이다. 만일 임의로 움직이는 물체를 생각하고 압력을 무시한다면(입자들의 크기와 온도를 무시하고 진공에서 먼지처럼 움직인다고 상상한다), 에너지텐서는 σ_0와 속력 성분 u_ν에만 의존할 것이다. 우리는 $T_{\mu\nu}$의 텐서성을 다음 식으로 확보할 수 있는데, u_μ의 3차원적 표현은 (41)과 같다.

(50) $$T_{\mu\nu} = \sigma_0 u_\mu u_\nu$$

사실 질량과 에너지의 동등성 및 위에서 밝힌 에너지텐서의 물리적 해석에 따르면 (50)으로부터 $q=0$이면 $T_{44}=-\sigma_0$(단위부피당의 음에너지와 같다)라는 점이 자연스럽게 유도된다. 만일 외력(4차원 벡터 K_μ)이 물체에 작용하면 운동량원리와 에너지원리에 따라 다음 식이 성립된다.

$$K_\mu = \frac{\partial T_{\mu\nu}}{\partial x_\nu}$$

여기에서는 이 식으로부터 앞서 얻었던 것과 같은 물질입자의 운동법칙이 도출됨을 보인다. 이 물체가 공간에서 무한히 작은 영역을 차지한다고 상상해보자. 4차원적으로 말하면 이는 한 가닥의 실과 같은데, 공간좌표 x_1, x_2, x_3에 대해 실 전체에 걸쳐 적분하면 다음과 같다.

$$\int K_1\, dx_1 dx_2 dx_3 = \int \frac{\partial T_{14}}{\partial x_4}\, dx_1 dx_2 dx_3 =$$
$$-i\frac{d}{dl}\left\{\int \sigma_0 \frac{dx_1}{d\tau}\frac{dx_4}{d\tau}\, dx_1 dx_2 dx_3\right\}$$

$\int dx_1 dx_2 dx_3 dx_4$ 가 불변량이므로 $\int \sigma_0\, dx_1 dx_2 dx_3 dx_4$ 도 그렇

다. 이 적분을 먼저 우리가 택한 관성계에서 계산하고 이어서 이 물체의 속력이 0인 계에 대해서도 계산한다. 그리고 적분 영역을 늘려도 σ_0가 그 전체에 걸쳐 상수라고 가정한다. 만일 이 두 관성계에서 실이 차지하는 공간의 부피를 각각 dV와 dV_0라고 하면 다음 식이 성립한다.

$$\int \sigma_0 dV dl = \int \sigma_0 dV d\tau$$

또한 이에 따라 다음 식이 나온다.

$$\int \sigma_0 dV = \int \sigma_0 dV_0 \frac{d\tau}{dl} = \int dm\, i \frac{d\tau}{dx_4}$$

위 식의 우변을 앞서 나온 적분의 좌변에 대입하고 $\frac{dx_1}{d\tau}$를 적분 기호 밖으로 빼면 다음 식이 나온다.

$$K_x = \frac{d}{dl}\left(m\frac{dx_1}{d\tau}\right) = \frac{d}{dl}\left(\frac{mq_x}{\sqrt{1-q^2}}\right)$$

따라서 에너지텐서를 일반화한 개념이 앞서 얻은 결론과 일치함을 알 수 있다.

완전유체에 대한 오일러 방정식 실제 물체의 행동에 가까이 다가서려면 압력에 해당하는 항을 에너지텐서에 더해야 한다. 그 가장 단순한 경우는 압력이 스칼라 p로 주어지는 완전유체이다. 이 경우 접선 방향의 응력 p_{xy} 등이 0이므로 에너지텐서에 대한 기여는 $p\delta_{\mu\nu}$의 형태가 된다. 따라서 에너지텐서는 다음과 같이 쓸 수 있다.

(51)
$$T_{\mu\nu} = \sigma_0 u_\mu u_\nu + p\delta_{\mu\nu}$$

정지 상태에서 물체의 밀도 또는 단위부피당의 에너지는 이 경우 σ가 아니라 다음 식에서 보듯 $\sigma - p$이다.

$$-T_{44} = -\sigma \frac{dx_4}{d\tau} \frac{dx_4}{d\tau} - p\delta_{44} = \sigma - p$$

만약 아무런 힘도 작용하지 않는다면 다음과 같다.

$$\frac{\partial T_{\mu\nu}}{\partial x_\nu} = -\sigma u_\nu \frac{\partial u_\mu}{\partial x_\nu} + u_\mu \frac{\partial(\sigma u_\nu)}{\partial x_\nu} + \frac{\partial p}{\partial x_\mu} = 0$$

이 식에 $u_\mu (= \dfrac{dx_\mu}{d\tau})$를 곱하고 μ에 대해 총합하고 (40)을 이용하면 다음 식이 나온다.

(52)
$$-\frac{\partial(\sigma u_\nu)}{\partial x_\nu} + \frac{dp}{d\tau} = 0$$

위에서 $\frac{\partial p}{\partial x_\mu} \frac{dx_\mu}{d\tau} = \frac{dp}{d\tau}$ 로 놓았다. 이것은 연속방정식인데, 고전역학의 것과는 실질적으로 0에 가까운 $\frac{dp}{d\tau}$ 만큼 차이가 난다.

(52)에 따르면 보존원리는 다음의 형태가 된다.

(53)
$$\sigma\frac{du_\mu}{d\tau} + u_\mu \frac{dp}{d\tau} + \frac{\partial p}{\partial x_\mu} = 0$$

첫 세 첨자에 대한 위의 식은 오일러방정식에 해당한다. (52)와 (53)이 1차 어림의 수준에서 고전역학의 유체역학 방정식에 해당한다는 점은 일반화된 에너지원리의 타당성에 대한 또 다른 증거이다. 물질 또는 에너지의 밀도는 텐서성을 갖게 되며 이것이 대칭텐서가 된다.

The
MEANING
of
RELATIVITY

3

일반
상대성이론
I

The
GENERAL
THEORY
of
RELATIVITY

3
일반상대성이론 I

지금까지의 모든 논의들은 물리적 현상을 설명함에 있어 모든 관성계가 동등하다는 가정에 근거했으며, 자연법칙을 구성함에 있어 관성계를 다른 운동 상태에 있는 기준공간들보다 더 우선시했다. 하지만 감지할 수 있는 물체에 대해서 다루든 운동의 개념에 대해서 다루든 명확한 운동 상태에 있는 계를 다른 계들보다 우선시해야 할 본질적인 이유는 없다.

오히려 이와 반대로 자연법칙은 시공연속체와 독립적으로 구성해야 한다. 특히 관성원리principle of inertia는 시공연속체에 물리적으로 객관적인 성질을 부여한다. 뉴턴의 관점에서 '시간은 절대적이다' 와 '공간은 절대적이다' 라는 명제가 모두 타당하듯, 특수상대성이론의 관점에서는 '시공연속체는 절대적이다' 라는 명제가 타당하다. 그런데 마지막 명제에서 '절대적' 이라 함은 '물리적 실체성을 가진다' 라는 뜻은 물론 '물리적 성질과 상관없이 물리적 효과를 나타내지만, 그 자체는 물리적 조건에 영향을 받지 않는다' 라는 뜻도 함께 나타낸다.

관성원리가 물리학의 토대로 간주되는 한 이 관점은 분명 정당화될 수 있는 유일한 것이다. 하지만 이 통상적인 관념에는 두 가지의 심각한 비판이 제기된다.

첫째로 시공연속체는 작용을 가하기만 할 뿐 받지는 않는 것으로 보인다. 하지만 이런 대상을 상정하는 것은 과학적 사고방식에 비추어보면 불합리하다. 오스트리아의 과학자이자 철학자인 에른스트 마흐Ernst Mach, 1838~1916가 역학계에서 공간을 적극적인 원인이 아니라고 배제하려 했던 이유가 바로 여기에 있다.

그에 따르면 물질입자는 공간이 아니라 우주에 있는 다른 모든 물질들의 중심에 대해 가속 없는 운동을 한다. 이렇게 보면 뉴턴이나 갈릴레오의 역학과 달리 역학적 현상의 근원은 최종적으로 밝혀지는 셈이다. 매질을 통한 작용에 근거한

현대적 이론의 테두리 안에서 이 아이디어를 펼치기 위해서는, 관성을 결정하는 시공연속체의 성질이 전자기장과 비슷하게 공간이 가진 장의 성질로 보아야 한다. 하지만 고전역학의 개념들로는 이를 나타낼 방법이 없다. 따라서 마흐의 시도는 한동안 실패를 거듭했다. 이에 대해서는 나중에 다시 살펴보기로 한다.

둘째로 고전역학을 펼치다 보면 상대성원리를 서로 균일하게 움직이지 않는 기준공간으로 확장해야 할 필요성이 직접적으로 제기된다는 결함이 드러난다. 역학에서 두 물체의 질량비는 근본적으로 다른 두 가지 방법으로 정의된다. 첫째는 관성질량inert mass에 의한 것으로 두 물체에 같은 힘을 가했을 때 나타나는 가속의 역수를 비교하는 것이며, 둘째는 중력질량gravitational mass에 의한 것으로 같은 중력장이 두 물체에 미치는 힘을 비교하는 것이다. 이 두 가지 질량은 이처럼 매우 다르게 정의됨에도 불구하고 헝가리의 물리학자 로랑 외트뵈시Loránd Eötvös, 1848~1919의 실험 등에 의해 그 동등성이 매우 높은 정확도로 확인되었다. 하지만 고전역학은 이에 대해 어떤 설명도 내놓지 못했다.

이쯤에서 분명히 지적할 것은 과학의 정당성은 이러한 수치적 동등성을 두 관념의 본질적 동등성으로 밝혀야 비로소 확립된다는 사실이다. 그런데 다음과 같은 논의에 따르면 이 목표가 상대성원리의 확장에 의해 달성될 수 있을지도 모른다. 잠시 생각해보면 관성질량과 중력질량이 동등하다는 법칙은 중력장에 의한 가속이 물체의 본질과 무관하다는 주장과 동등하다는 점을 알 수 있다. 뉴턴의 운동방정식을 중력장에 대해 쓰면 다음과 같다.

$$(관성질량) \times (가속) = (중력질량) \times (중력장의 세기)$$

따라서 관성질량과 중력질량 사이에 수치적 동등성이 있을 때에만 가속이 물체의 본질과 무관하게 된다. 어떤 관성계를 K라고 해보자. 그러면 다른 물체들은 물론 서로 간에도 충분히 멀리 떨어진 두 물체는 K에 대해 가속되지 않는다. 이어서 K에 대해 일정하게 가속되는 좌표계 K'의 관점에서 생각해보자. 그러면 이 물체들은 K'에 대해 똑같이 평행으로 가속되는데, 이 현상에 대해 K'의 관찰자는 K'의 가속 때문이 아니라 K'이 중력을 발휘하기 때문이라고 생각할 수 있다.

이러한 중력장의 '원인'에 대해서는 나중에 살펴볼 것이기 때문에 여기에서는 잠시 접어두기로 한다. 일단 우리가 이런

중력장을 의심할 이유는 전혀 없다. 다시 말해서 K'이 정지해 있고 중력장이 존재한다고 보는 관점과, K만이 진정한 좌표계이고 중력장은 없다고 보는 관점은 실질적으로 동등하다는 뜻이다. 여기의 두 좌표계 K와 K'이 물리적으로 완전히 동등하다고 보는 가정을 '등가원리principle of equivalence'라고 한다. 이 원리는 관성질량과 중력질량이 같다는 법칙과 밀접하게 관련되어 있으며, 상대성원리를 서로 균일하지 않은 속력으로 움직이는 계에까지 확장해서 적용할 수 있다는 것을 뜻한다.

한편 이는 관성과 중력의 본질을 하나로 융합해서 볼 수 있다는 뜻이기도 하다. 위의 논의에 따르면 동일한 물체의 행동이라도 K에 대해서는 관성의 효과만이 나타나지만, K'에 대해서는 관성과 중력의 효과가 함께 나타나기 때문이다. 이처럼 관성과 중력의 수치적 동등성을 본질의 융합으로 설명할 수 있다는 점에서 일반상대성이론은 고전역학보다 우월하며, 이런 진보에 비추어볼 때 앞으로 만날 모든 어려움은 사소하게 다루어야 한다고 나는 믿는다.

다른 모든 좌표계들에 대한 관성계의 우선성은 경험상 매우 견고하게 확립되었는데도, 이를 폐기하는 당위성은 어디서 찾을 수 있을까? 관성원리의 약점은 이것이 다음과 같은 순환논리를 낳는다는 데에 있다. "다른 물체들과 충분히 멀리 떨어져 있는 물체는 가속 없이 움직인다. 그래서 우리는 어떤 물체가 가속 없이 움직이는 것을 보고 다른 물체들과 충분히 멀리 떨어져 있음을 안다."

하지만 시공연속체의 광대한 영역 또는 더 나아가 우주 전체에 적용될 관성계가 과연 있을까? 태양계의 경우 우리가 태양과 행성들에 의한 섭동攝動, perturbation을 무시한다면, 관성원리가 아주 높은 정확도의 어림법을 통해 확립되었다고 보아야 한다.

더 분명히 말하자면 적절히 선택한 기준공간에 대해 물질입자들이 가속 없이 자유롭게 움직이는 유한한 영역이 존재한다고 볼 수 있다는 뜻이다. 그런 곳에서는 앞서 살펴보았던 특수상대성이론의 법칙들이 놀랍도록 정확하게 성립한다. 앞으로 우리는 그런 곳을 가리켜 '갈릴레오영역Galilean region'이라고 하며, 알려진 성질들을 가진 특별한 경우로 간주하고 진행한다.

등가원리는 갈릴레오영역을 다룰 때 비관성계, 곧 관성계에 대해 가속과 회전을 하는 좌표계도 관성계 못지 않게 사용할 것을 요구한다. 나아가 어떤 좌표계를 특별히 선호할 객관적 이유를 찾는 곤란한 의문을 완전히 배제하고자 한다면, 우리는 당연히 임의로 움직이는 좌표계의 사용을 허용해야 한다.

그런데 이런 시도를 진지하게 고려하는 순간 우리는 특수상대성이론이 이끌어냈던 시간과 공간에 대한 물리적 해석과 충돌하게 된다. K'은 K와 z축을 공유하는 좌표계인데 이 축을 중심으로 일정한 각속력으로 회전한다고 해보자. 그러면 K'에 대해 정지한 강체의 형상이 유클리드기하의 법칙에 부합할까? K'은 관성계가 아니므로 K'에 대해 강체의 형상을 나타내는 법칙을 직접 알아낼 수 없고 나아가 일반적으로 이에 대한 자연의 법칙이 무엇인지도 모른다.

하지만 이 경우 관성계 K에 대한 법칙은 분명 알고 있다. 따라서 이를 토대로 K'에 대한 법칙을 유추해볼 수 있다. K'의 $x'y'$ 평면에 있는 원점을 중심으로 적당한 지름의 원을 하나 그렸다고 상상해보자. 그런 다음 똑같은 강체가 여럿 있는데, 이것들을 상대적으로 정지한 K'에서 원주와 지름을 따라 죽 이어서 배열한다고 상상해보자. 이때 원주와 지름을 따라 배열된 강체의 수를 각각 U와 D라고 하면, K'이 K에 대해 회전하지 않을 경우 이것들 사이에는 다음 관계가 성립한다.

$$\frac{U}{D} = \pi$$

하지만 K'이 회전하면 이야기는 달라진다. K의 어떤 특정 시간 t에 강체들의 길이를 조사한다고 생각해보자. K에서 보면 원주를 따라 놓인 강체는 그 길이 쪽으로 로렌츠수축이 일어나지만 지름을 따라 놓인 강체들에는 일어나지 않으며,◆ 따라서 다음의 결론이 나온다.

$$\frac{U}{D} > \pi$$

이로부터 우리는 K'에 대해 강체의 형상을 나타내는 법칙은 유클리드기하의 법칙에 부합하지 않는다는 사실을 알수 있다. 나아가 K'과 함께 회전하는 똑같은 두 시계를 하나는 원주, 다른 하나는 원의 중심에 놓고 K에서 관찰하면 원주의 시계는 중심의 시계보다 느리게 간다. 그런데 K'에 대한 시간을 완전히 새로운 방법으로 정의하지 않는다면(다시 말해서 K'에 대한 법칙들은 명백히 시간에 의존한다는 식으로 정의하지 않는다면), K'에서 관찰해도 같은 현상이 일어나야 한

◆ 논의에서 강체와 시계의 변화는 속력에만 의존하고 가속에는 의존하지 않는다고 가정한다. 또는 최소한 가속의 영향이 속력의 영향을 상쇄하지 않는다고 가정한다.

다. 그러므로 K'에 대한 시간과 공간은 특수상대성이론에 따라 관성계에 대해 정의했던 방식과 같이 정의할 수 없다.

하지만 등가원리에 따르면 K'은 중력이나 원심력이나 전향력 등이 작용하는 곳에 놓인 정지계로 볼 수 있다. 따라서 우리는 다음과 같은 결론을 얻을 수 있다. 중력장은 시공연속체에 영향을 미칠 뿐 아니라 그에 대한 계측법칙metrical law까지 결정한다. 따라서 중력이 있는 경우 강체의 형상에 대한 법칙을 기하학적으로 표현한다면, 그 결과는 유클리드기하와 부합하지 않는다.

여기에서 생각하는 상황은 곡면을 2차원적으로 다루는 방법과 비슷하다. 직교좌표의 경우에는 x_1축과 x_2축이 측정할 수 있는 자를 직접적으로 한다. 하지만 (예를 들어 타원체의 표면과 같은) 곡면 위에서는 이처럼 간단한 계측성을 갖는 좌표계를 설정하는 것이 불가능하다.

독일의 수학자 카를 프리드리히 가우스Karl Friedrich Gauss, 1777~1855는 곡면에 대한 그의 이론에서 곡선좌표curvilinear coordinates를 도입함으로써 이 난점을 극복했다. 이 좌표는 연속이어야 한다는 것만 빼고는 다른 제한조건이 없어 자유로우며, 곡면의 계측성은 나중 단계에 들어서야 비로소 좌표들과 관련된다. 일반상대성이론에서도 이와 비슷하게 x_1, x_2, x_3, x_4

라는 임의의 좌표를 도입하여 시공간의 점들에 어떤 수들을 부여한다. 이렇게 함으로써 이웃한 사건들은 이웃한 좌표값을 통해 서로 관련이 되는데, 이것 외에 좌표의 선택에 대한 제약은 없다. 만일 자연법칙들이 모든 4차원 좌표계에서 성립하도록 하는 형태를 부여하고자 한다면, 다시 말해서 이 법칙들을 나타내는 식들이 임의의 변환에 대해 불변이도록 하려면 우리는 상대성원리를 가장 넓은 의미로 받아들여야 한다.

가우스의 곡면이론과 일반상대성이론의 가장 중요한 접점은 계측성metrical property인데, 여기에 두 이론의 주요 개념들이 근거를 두고 있다. 곡면이론에서 가우스가 내놓은 논거는 다음과 같다. 평면기하는 무한히 가까운 두 점 사이의 거리 ds를 토대로 구성할 수 있다.

이 개념은 물리적으로도 중요한데, 그것은 거리를 강체로 된 자로 직접 잴 수 있기 때문이다. 적절한 직교좌표를 택하면 이 거리는 $ds^2 = dx_1^2 + dx_2^2$으로 표현된다. 그러면 이 양에 근거하여 $\delta \int ds = 0$이 되는 측지선測地線, geodesic을 직선으로 삼는 것과 같이, 간격, 원, 각도 등 유클리드 평면기하의 근간이 되는 개념들을 정립할 수 있다. 그런데 곡면의 무한히 작은 부분을 이와 비슷하게 무한히 작은 양들에 대해 평면으로 간주할 수 있다는 점에 주목한다면, 연속적인 곡면 위에

서도 기하를 구성할 수 있다. 곡면의 이 작은 부분에 X_1과 X_2로 직교좌표를 꾸미면 어떤 자로 측정되는 두 점 사이의 거리는 다음 식으로 주어진다.

$$ds^2 = dX_1{}^2 + dX_2{}^2$$

한편 이 곡면 위에 임의의 곡선좌표 x_1과 x_2를 설정하면 dX_1과 dX_2는 dx_1과 dx_2에 대한 1차식들로 나타낼 수 있다. 그러면 곡면의 모든 곳에서 다음 식이 성립하는데 여기의 g_{11}, g_{12}, g_{22}는 곡면의 성질과 선택한 좌표에 의해 결정된다.

$$ds^2 = g_{11}dx_1{}^2 + 2g_{12}dx_1dx_2 + g_{22}dx_2{}^2$$

그리고 이 양들을 알 수 있다면, 강체 막대들의 그물 구조를 이 표면 위에 어떻게 놓을 것인지도 알 수 있다. 다시 말해서 곡면기하는 ds^2에 대한 위의 식으로 결정되는데, 이는 평면기하가 이에 대응하는 식에 근거한 것과 같다.

물리학의 4차원 시공연속체에도 이와 비슷한 관계식이 있다. 중력장에서 자유낙하하는 관찰자의 바로 근처에는 중력장이 없다. 따라서 우리는 시공연속체의 무한히 작은 부분을 갈릴레오영역으로 생각할 수 있다. 또 그와 같은 미소 영역에서는 공간좌표 X_1, X_2, X_3와 시간좌표 X_4를 가진 관성계가 존재하며 그곳에서는 특수상대성이론의 법칙들이 성립한다고 간주할 수 있다. 그러면 자와 시계로 직접 측정할 수 있는 다음의 양과,

$$dX_1^2 + dX_2^2 + dX_3^2 - dX_4^2$$

또는 부호를 바꾼 다음의 양

(54) $$ds^2 = -dX_1^2 - dX_2^2 - dX_3^2 + dX_4^2$$

이웃한 두 사건(4차원 시공연속체의 두 점)에 대해 유일하게 결정되는 불변량이다. 여기에서 측정에 쓰인 도구들에 대해서는, 두 자를 한데 겹치면 서로 정확히 일치하고, 두 시계를 한 곳에 두면 시간이 똑같이 흐른다고 가정한다. 또한 이 자와 시계들의 상대적 길이와 시간은 원칙적으로 과거의 측정 내역과 무관하다는 가정도 필수적인데, 이는 우리의 경험에 의해 충분히 뒷받침된다. 만일 이것들이 성립하지 않는다면 원자들의 스펙트럼은 날카로운 선을 나타내지 못할 것이다.

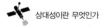

왜냐하면 같은 원소일지라도 각각의 원자는 서로 다른 과거를 거쳤을 것이기 때문이다. 이처럼 원자에 대해 각각의 지나온 과거의 상대적 변화를 인정한다면, 모든 원자들의 질량이나 고유의 진동수 등이 서로 정확히 같으리라고 예상하는 것은 터무니없는 일임이 분명해진다.

그러나 시공연속체의 유한한 영역은 일반적으로 갈릴레오 영역이 아니며, 이런 경우 좌표의 선택을 통해 중력장을 배제할 수 없다. 그러므로 유한한 영역에서 특수상대성이론의 계측관계식metrical relation이 성립하도록 하는 좌표는 존재하지 않는다. 하지만 연속체의 이웃한 두 점(사건)에 대한 불변량 ds는 언제나 존재하며 어떤 좌표에서도 표현될 수 있다. 어떤 국소적 dX_v를 좌표 미분 dx_v의 1차식으로 쓸 수 있다면 ds^2은 다음과 같다.

(55) $$ds^2 = g_{\mu\nu}dx_\mu dx_\nu$$

$g_{\mu\nu}$는 임의의 좌표계에 대한 시공연속체의 계측관계식들과 중력장을 나타낸다. 특수상대성이론에서 그랬듯 4차원 시공연속체의 선소線素, line element ds도 시간성과 공간성으로 구별해야 한다. 위에서 채택한 부호 변화로 인해 시간성 선소와

공간성 선소는 각각 실수와 허수가 되는데, 시간성 선소는 적절히 택한 시계로 직접 측정할 수 있다.

지금까지 이야기한 바에 따르면 일반상대성이론을 세우기 위해서는 불변량과 텐서에 관한 이론을 일반화할 필요가 있다. 이에 따라 "임의의 점변환point transformation에 대해 불변인 식들은 어떤 형태를 띨 것인가?"라는 의문이 제기된다.

텐서미적분의 일반 이론은 상대성이론이 나오기 훨씬 전에 이미 수학자들에 의해 개발되었다. 먼저 리만은 가우스가 펼친 일련의 개념들을 임의 차원의 연속체들로 확장했으며, 예언적 시각을 통해 이와 같은 유클리드기하의 일반화에 내포된 물리적 의미를 내다보았다. 이후 이 이론은 텐서미적분으로 발전했는데, 여기에는 특히 이탈리아의 수학자 그레고리오 리치쿠르바스트로Gregorio Ricci-Curbastro, 1853~1925와 툴리오 레비치비타Tullio Levi-Civita, 1873~1941의 기여가 컸다. 앞으로의 논의에서 그 성과가 자주 이용될 것이기 때문에, 이쯤에서 텐서미적분의 가장 중요한 수학적 개념과 연산들에 대해 간단히 살펴보는 것도 좋을 것이다.

모든 좌표계에서 x_ν의 함수로 정의된 4개의 양이 아래의 식에 보인 것처럼 좌표의 변화에 대해 좌표 미분 dx_ν와 같이 변환된다면 이것들을 반변벡터反變, contravariant vector A_ν의 성분이라고 부른다.

(56)
$$A^{\mu\prime} = \frac{\partial x'_\mu}{\partial x_\nu} A^\nu$$

반변벡터 외에 공변벡터共變, covariant vector라는 게 있는데, 공변벡터의 성분 B'_μ는 아래의 식에 따라 변환된다.

(57)
$$B'_\mu = \frac{\partial x_\nu}{\partial x'_\mu} B_\nu$$

공변벡터의 정의는 다음의 식에 따라 반변벡터와 결합할 때 스칼라가 나오도록 설계되었다.

$$\varphi = B_\nu A^\nu (\nu \text{에 대한 총합})$$

그러면 다음의 식이 성립한다.

$$B'_\mu A^{\mu\prime} = \frac{\partial x_\alpha}{\partial x'_\mu} \frac{\partial x'_\mu}{\partial x_\beta} B_\alpha A^\beta = B_\alpha A^\alpha$$

특히 스칼라 φ의 편미분 $\frac{\partial \varphi}{\partial x_\alpha}$는 공변벡터의 성분들이며 좌표미분과 함께 $\frac{\partial \varphi}{\partial x_\alpha} dx_\alpha$라는 스칼라를 생성하므로, 공변벡

터의 정의가 아주 자연스러운 것임을 알 수 있다.

벡터를 첨자의 위치에 따라 반변벡터와 공변벡터로 나누듯 텐서도 각 첨자에 대해 공변이거나 반변인 임의 차수의 텐서를 생각할 수 있다. 예를 들어 A^ν_μ는 첨자 μ에 대해서는 공변이고 첨자 ν에 대해서는 반변인 텐서인데, 첨자가 둘이므로 2차텐서이다. 이것이 텐서성을 가진다고 함은 다음의 변환식을 따른다는 뜻이다.

(58)
$$A^{\nu}_{\mu}{}' = \frac{\partial x_\alpha}{\partial x'_\mu} \frac{\partial x'_\nu}{\partial x_\beta} A^\beta_\alpha$$

일차직교변환에 대한 불변량이론에서와 마찬가지로 성격과 차수가 같은 텐서들을 서로 더하고 빼서 새로운 텐서를 만들 수 있으며, 다음 식은 그 한 예이다.

(59)
$$A^\nu_\mu + B^\nu_\mu = C^\nu_\mu$$

C^ν_μ의 텐서성은 (58)에 의해 증명된다. 또한 일차직교변환에 대한 불변량이론에서와 마찬가지로 첨자의 성격을 유지하는 곱셈을 통해서도 새로운 텐서를 만들 수 있다. 다음 식이 그 한 예이다.

(60) $$A_\mu^\nu B_{\sigma\tau} = C_{\mu\sigma\tau}^\nu$$

이에 대한 증명도 변환식으로부터 바로 유도된다. 한편 성격이 다른 두 첨자를 축약시켜 새로운 텐서를 만들 수 있는데, 다음 식은 그 한 예이다.

(61) $$A_{\mu\sigma\tau}^\mu = B_{\sigma\tau}$$

$B_{\sigma\tau}$의 텐서성은 $A_{\sigma\tau\mu}^\mu$의 텐서성에 의해 결정되는데, 증명은 다음과 같다.

$$A_{\mu\sigma\tau}^{\mu'} = \frac{\partial x_\alpha}{\partial x_\mu'} \frac{\partial x_\mu'}{\partial x_\beta} \frac{\partial x_s}{\partial x_\sigma'} \frac{\partial x_t}{\partial x_\tau'} A_{\alpha st}^\beta = \frac{\partial x_s}{\partial x_\sigma'} \frac{\partial x_t}{\partial x_\tau'} A_{\alpha st}^\alpha$$

같은 성격의 두 첨자에 대한 텐서의 대칭성과 반대칭성은 특수상대성이론에서와 같은 의미를 가진다.

이로써 텐서의 대수적 성질에 대한 필수적인 사항은 모두 요약되었다.

근본텐서 임의의 dx_ν에 대해 ds^2은 불변이란 점과 (55)에 부합하는 대칭성 조건을 고려하면 $g_{\mu\nu}$는 대칭공변텐서인 근본텐서의 성분임을 알 수 있다. $g_{\mu\nu}$의 여인수餘因數, cofactor들을 모아 만든 행렬을 행결 g로 나누어 얻은 것을 $g^{\mu\nu}$라고 하면 다음 관계가 나오는데, 다만 $g^{\mu\nu}$의 불변성은 아직 모른다.

(62) $$g_{\mu\alpha}g^{\mu\beta}=\delta_\alpha^\beta=\begin{matrix}1\,(\alpha=\beta일\ 때)\\0\,(\alpha\neq\beta일\ 때)\end{matrix}$$

공변벡터의 미소량을 다음과 같이 만들고,

(64) $$d\xi_\mu=g_{\mu\alpha}dx_\alpha$$

$g^{\mu\beta}$와 곱하여 μ에 대해 총합을 하면 (62)에 의하여 다음의 식을 얻는다.

(64) $$dx_\beta=g^{\beta\mu}d\xi_\mu$$

$d\xi_\mu$들의 비율은 임의적이고 $d\xi_\mu$처럼 x_β도 벡터의 성분이므로 $g^{\mu\nu}$는 반변텐서의 성분이다(반변근본텐서).* 이에 따라 혼성근본텐서인 δ_α^β의 텐서성은 (62)로부터 도출된다. 근본텐서를 이용하면 공변텐서에서 반변텐서를 얻을 수 있고, 이

반대도 마찬가지다. 그 예는 다음과 같다.

$$A^\mu = g^{\mu\alpha} A_\alpha$$

$$A_\mu = g_{\mu\alpha} A^\alpha$$

$$T_\mu^\alpha = g^{\mu\alpha} T_{\mu\nu}$$

체소불변량 다음 식으로 주어지는 체소는 불변량이 아니다.

$$\int dx_1 dx_2 dx_3 dx_4 = dx$$

왜냐하면 야코비의 정리에 의해 다음과 같이 쓰여지기 때문이다.

(65)
$$dx' = \left| \frac{dx'_\mu}{dx_\nu} \right| dx$$

◆ (64)의 양변에 $\dfrac{\delta x'_\alpha}{\delta x'_\beta}$ 를 곱하고 β에 대해 총합하고 $d\xi_\mu$를 $d\xi'_o$에 대한 변환으로 바꾸면 다음 식이 나온다.

$$dx'_\alpha = \frac{\delta x'_\alpha}{\delta x'_\mu} \frac{\delta x'_\alpha}{\delta x_\beta} g^{\mu\beta} d\xi'_o$$

본문의 서술은 이로부터 도출된다. (64)에 의해 $dx'_\alpha = g^{\alpha\dot{\alpha}} d\xi'_o$ 여야 하고, dx'_α에 대한 이 두 식은 $d\xi'_o$를 어떻게 택하든 언제나 성립해야 하기 때문이다.

하지만 dx를 보완하여 불변량으로 만들 수 있다. 다음의 양에 대한 행결을 만들고,

$$g'_{\mu\nu} = \frac{\partial x_\alpha}{\partial x'_\mu} \frac{\partial x_\beta}{\partial x'_\nu} g_{\alpha\beta}$$

여기에 행결의 곱에 대한 정리를 두 번 적용하면 다음 식이 나온다.

$$g' = |g'_{\mu\nu}| = \left| \frac{\partial x_\nu}{\partial x'_\mu} \right|^2 \cdot g_{\mu\nu} = \left| \frac{\partial x'_\mu}{\partial x_\nu} \right|^{-2} g$$

따라서 이로부터 다음의 불변량을 얻는다.

$$\sqrt{g'}\, dx' = \sqrt{g}\, dx$$

미분으로 텐서 만들기 텐서를 만드는 대수적 연산은 일차직교변환에 대한 불변량이라는 특별한 경우와 같이 사뭇 단순하다. 하지만 애석하게도 일반적인 불변 미분은 상당히 복잡하며 그 이유는 다음과 같다.

A^μ가 반변벡터라면 그 변환 계수 $\frac{\partial x'_\mu}{\partial x_\nu}$ 는 변환이 1차일 때만 위치에 무관하다. 그럴 경우 이웃에 있는 점의 벡터 성

분 $A^\mu + \frac{\partial A^\mu}{\partial x_\alpha} dx_\alpha$은 A^μ와 같은 방식으로 변환되며, 이로부터 벡터 미분의 벡터성과 $\frac{\partial A^\mu}{\partial x_\alpha}$의 텐서성이 도출된다. 그러나 $\frac{\partial x'^\mu}{\partial x_\nu}$가 변수라면 이는 성립하지 않는다.

하지만 그럼에도 불구하고 일반적인 경우에 대한 텐서의 불변 미분은 레비치비타와 독일의 수학자 헤르만 바일Hermann Weyl, 1885~1955이 발견한 다음 방법으로 처리된다.

P_1과 P_2는 연속체에서 무한히 가까운 두 점이고 (A^μ)는 성분이 좌표계 x_ν에 의해 주어지는 반변벡터라고 해보자. 이제까지의 논의에 따르면 우리는 P_1을 둘러싼 연속체의 미소 영역을 유클리드공간으로 간주하고 허수의 X_4축을 포함하는 X_ν 좌표계를 설정할 수 있다. 이때 점 P_1에 자리 잡은 벡터의 성분들을 $A^\mu_{(1)}$이라고 하자. 그런 다음 국소좌표계 x_ν를 이용하여 P_2에서 같은 성분을 가진 벡터를 그리면, 이 벡터는 P_1에 있는 벡터를 무한소의 거리만큼 떨어진 P_2로 평행이동시킨 것에 해당하며, 이렇게 P_2에 그려진 평행벡터는 P_1에 있는 벡터와 이동 거리에 의해 유일하게 결정된다(이 유일성에 대해서는 나중에 살펴본다). 따라서 이처럼 P_1에서 P_2로 평행이동시킨 벡터와 본래 P_2에 있는 벡터 (A^μ)와의 차에 해당하는 벡터를 생각하면, 이는 주어진 변위 (dx_ν)에 대한 벡터 (A^μ)의 미분으로 생각할 수 있다.

이 벡터변위를 자연스럽게 좌표계 x_ν에 대해서도 생각해 볼 수 있다. A^ν가 P_1에 있는 벡터의 성분이고, $A^\nu + \delta A^\nu$는 변위 (dx_ν)를 따라 P_2로 이동시킨 벡터의 성분이라면, δA^ν는 일반적으로 0이 되지 않는다. 하지만 벡터성을 갖지 않는 이양은 dx_ν와 A^ν에 균일하게 1차로 의존해야 하기 때문에 다음과 같이 쓸 수 있다.

(67)
$$\delta A^\nu = -\Gamma^\nu_{\alpha\beta} A^\alpha dx_\beta$$

또한 $\Gamma^\nu_{\alpha\beta}$는 첨자 α와 β에 대해 대칭이어야 한다. 왜냐하면 이 국소좌표계는 유클리드공간이므로 $d^{(1)}x_\nu$를 $d^{(2)}x_\nu$에 따라 평행이동을 하든 $d^{(2)}x_\nu$를 $d^{(1)}x_\nu$에 따라 평행이동을 하든 똑같은 평행사변형이 만들어지기 때문이다. 따라서 우리는 다음 식을 얻을 수 있다.

$$d^{(2)}x_\nu + (d^{(1)}x_\nu - \Gamma^\nu_{\alpha\beta} d^{(1)}x_\alpha d^{(2)}x_\beta)$$
$$= d^{(1)}x_\nu + (d^{(2)}x_\nu - \Gamma^\nu_{\alpha\beta} d^{(2)}x_\alpha d^{(1)}x_\beta)$$

위의 서술은 이로부터 도출되는데, 이는 우변의 총합 첨자 α와 β를 교환하여 확인할 수 있다.

연속체의 계측성은 모두 $g_{\mu\nu}$에 의해 결정되므로 $\Gamma^{\nu}_{\alpha\beta}$도 이에 의해 결정된다. 벡터 A^{ν}의 불변량, 곧 이것의 제곱인 다음의 양을 생각해보자.

$$g_{\mu\nu}A^{\mu}A^{\nu}$$

이것은 불변량이므로 평행이동에 의해 변할 수 없다. 따라서 우리는 다음 결과를 얻는데,

$$0=\delta(g_{\mu\nu}A^{\mu}A^{\nu})=\frac{\partial g_{\mu\nu}}{\partial x_{\alpha}}A^{\mu}A^{\nu}dx_{\alpha}+g_{\mu\nu}A^{\mu}\delta A^{\nu}+g_{\mu\nu}A^{\nu}\delta A^{\mu}$$

이는 (67)에 의해 다음과 같다.

$$\left(\frac{\partial g_{\mu\nu}}{\partial x_{\alpha}}-g_{\mu\beta}\Gamma^{\beta}_{\nu\alpha}-g_{\nu\beta}\Gamma^{\beta}_{\mu\alpha}\right)A^{\mu}A^{\nu}dx_{\alpha}=0$$

괄호 안에 쓴 식의 μ와 ν에 대한 대칭성 때문에 이 식은 괄호 안의 식이 첨자들의 모든 조합에 대해 0일 때에만 임의의 벡터 (A^{μ})와 dx_{ν}에 대해 성립한다. 그러므로 μ, ν, α의 순환적 교환에 의해 모두 3가지의 식이 나오는데, $\Gamma^{\alpha}_{\mu\nu}$의 대칭성을 고려하면 이로부터 다음을 얻는다.

(68)
$$\begin{bmatrix} \mu\nu \\ \alpha \end{bmatrix} = g_{\alpha\beta}\,\Gamma^{\beta}_{\mu\nu}$$

위 좌변의 약호는 독일의 수학자 엘빈 브루노 크리스토펠 Elwin Bruno Christoffel, 1829~1900이 제시한 것으로 제1종 크리스토 펠 기호라고 하며 풀어쓰면 다음과 같다.

(69)
$$\begin{bmatrix} \mu\nu \\ \alpha \end{bmatrix} = \frac{1}{2}\left(\frac{\partial g_{\mu\alpha}}{\partial x_{\nu}} + \frac{\partial g_{\nu\alpha}}{\partial x_{\mu}} - \frac{\partial g_{\mu\nu}}{\partial x_{\alpha}} \right)$$

(68)의 양변에 $g^{\alpha\sigma}$를 곱하고 α에 대해 총합하면 다음의 식 을 얻을 수 있다.

(70)
$$\Gamma^{\alpha}_{\mu\nu} = \frac{1}{2}\,g^{\rho\alpha}\left(\frac{\partial g_{\mu\alpha}}{\partial x_{\nu}} + \frac{\partial g_{\nu\alpha}}{\partial x_{\mu}} - \frac{\partial g_{\mu\nu}}{\partial x_{\alpha}} \right) = \begin{Bmatrix} \mu\nu \\ \sigma \end{Bmatrix}$$

위 식 맨 우변의 약호는 제2종 크리스토펠 기호이다. 따라 서 Γ는 $g_{\mu\nu}$로부터 도출되며, (67)과 (70)은 이어지는 논의의 바탕이 된다.

텐서의 불변미분 P_1에서 P_2로 무한소만큼 평행이동시킨 벡 터를 $(A^{\mu}+\delta A^{\mu})$, P_2의 벡터 A^{μ}를 $(A^{\mu}+dA^{\mu})$라고 하면, 다음 의 식으로 주어지는 이 둘의 차도 벡터이다.

$$dA^{\mu} - \delta A^{\mu} = \left(\frac{\partial A^{\mu}}{\partial x_o} + \Gamma^{\mu}_{\alpha\alpha} A^{\alpha} \right) dx_o$$

이는 임의의 dx_o에 대한 것이므로 다음 식은 텐서이며, 이 것을 1차텐서(벡터)의 불변미분이라고 부른다.

(71)
$$A^{\mu}_{:o} = \frac{\partial A^{\mu}}{\partial x_o} + \Gamma^{\mu}_{o\alpha} A^{\alpha}$$

이 텐서를 축약하면 반변텐서 A^{μ}의 발산에 대한 식이 나온다. 이때 (70)에 따르면 다음 식이 나온다는 점에 주목해야 한다.

(72)
$$\Gamma^{o}_{\mu\alpha} = \frac{1}{2} g^{o\alpha} \frac{\partial g_{o\alpha}}{\partial x_{\mu}} = \frac{1}{\sqrt{g}} \frac{\sqrt{g}}{\partial x_{\mu}}$$

아래의 양은 바일이 1차반변텐서의 밀도density라고 부른 것인데,◆

(73)
$$A^{\mu} \sqrt{g} = \mathfrak{A}^{\mu}$$

◆ 이 식은 $\mathfrak{A}^{\mu} dx = A^{\mu} \sqrt{g} dx$가 텐서성을 가진다는 점으로 뒷받침된다. 모든 텐서는 $\sqrt{g}$를 곱하면 텐서밀도가 되는데 이 책에서는 이를 고딕 대문자로 나타낸다.

이에 따르면 다음의 양은 스칼라밀도이다.

(74)
$$\mathbf{A} = \frac{\partial \mathbf{A}^\mu}{\partial x_\mu}$$

공변벡터 B_μ의 평행이동법칙은 평행이동이 다음의 스칼라에 영향을 주지 않는다는 점으로부터 다음 식을 얻을 수 있다.

$$\varphi = A^\mu B_\mu$$

따라서 다음의 양은 (A^μ)가 어떤 값이든 언제나 0이 된다.

$$A^\mu \delta B_\mu + B_\mu \delta A^\mu$$

그러므로 우리는 다음 식을 얻게 된다.

(75)
$$\delta B_\mu = \Gamma^\alpha_{\mu o} A_\alpha dx_o$$

그리고 (71)에 이르는 과정을 되풀이하면 공변벡터의 불변미분에 대한 식이 나온다.

(76)
$$B_{\mu;\sigma} = \frac{\partial B_\mu}{\partial x_\sigma} - \Gamma_{\mu\sigma}^\alpha B_\alpha$$

첨자 μ와 σ를 맞바꾸고 빼면 반대칭텐서가 나온다.

(77)
$$\varphi_{\mu\sigma} = \frac{\partial B_\mu}{\partial x_\sigma} - \frac{\partial B_\sigma}{\partial x_\mu}$$

2차 이상의 고차텐서에 대한 불변미분은 (75)에 쓰였던 과정을 이용하면 된다. 예를 들어 $(A_{\sigma\tau})$라는 2차공변텐서를 보자. 그러면 E와 F가 벡터일 경우 $A_{\sigma\tau}E^\sigma F^\tau$는 스칼라이다. 곧 이 식은 δ-이동δ-displacement에 대해 불변이어야 하며, 따라서 (67)을 이용하여 이 사실을 표현하면 원하는 불변미분의 식이 나온다.

(78)
$$A_{\sigma\tau;\rho} = \frac{\partial A_{\sigma\tau}}{\partial x_\rho} - \Gamma_{\sigma\rho}^\alpha A_{\sigma\tau} - \Gamma_{\tau\rho}^\alpha A_{\sigma\alpha}$$

텐서의 불변미분에 대한 일반식을 분명히 보이기 위해 아래에는 같은 방법으로 유도한 두 불변미분을 기록해보았다.

(79)
$$A_{\sigma;\rho}^\tau = \frac{\partial A_\sigma^\tau}{\partial x_\rho} - \Gamma_{\sigma\rho}^\alpha A_\alpha^\tau + \Gamma_{\alpha\rho}^\tau A_\sigma^\alpha$$

(80)
$$A^{\sigma\tau}_{;\rho} = \frac{\partial A^{\sigma\tau}}{\partial x_\rho} + \Gamma^\sigma_{\alpha\rho} A^{\alpha\tau} + \Gamma^\tau_{\alpha\rho} A^{\sigma\alpha}$$

이로써 일반적인 구성법칙은 분명해졌으며, 이를 이용하면 관심 분야에 적용할 여러 식들을 만들 수 있다.

만일 $A_{\sigma\tau}$가 반대칭이면 다음의 텐서를 얻을 수 있다.

(81)
$$A_{\sigma\tau\rho} = \frac{\partial A_{\sigma\tau}}{\partial x_\rho} + \frac{\partial A_{\tau\rho}}{\partial x_\sigma} + \frac{\partial A_{\rho\sigma}}{\partial x_\tau}$$

이는 순환적 교환과 덧셈에 의해 첨자들의 모든 쌍들에 대해 반대칭이다.

(78)의 $A_{\sigma\tau}$를 근본텐서 $g_{\sigma\tau}$로 바꾸면 우변은 0이 되며, (80)에서도 $g^{\sigma\tau}$에 대해 같은 결과가 나온다. 근본텐서의 불변미분은 0인데, 국소좌표계에서는 이를 곧바로 알 수 있다.

$A_{\sigma\tau}$가 반대칭일 경우 (80)을 τ와 ρ에 대해 축약하면 다음 식이 나온다.

(82)
$$\mathbf{A}^\sigma = \frac{\partial \mathbf{A}^{\sigma\tau}}{\partial x_\tau}$$

일반적으로는 (79)와 (80)을 τ와 ρ에 대해 축약하면 다음 식들이 나온다.

(83) $$\mathbf{A}_o = \frac{\partial \mathbf{A}_o^{\ \alpha}}{\partial x_o} - \Gamma_{\alpha\beta}^{\alpha} \mathbf{A}_\alpha^{\ \beta}$$

(84) $$\mathbf{A}^o = \frac{\partial \mathbf{A}^{\alpha\alpha}}{\partial x_\alpha} + \Gamma_{\alpha\beta}^{o} \mathbf{A}^{\alpha y}$$

리만텐서 연속체의 한 점 P에서 다른 점 G로 연결된 곡선이 있으면 P의 벡터 A^μ는 이 곡선을 따라 G로 평행이동될 수 있다(그림 4).

만일 이 연속체가 유클리드공간이라면(더 일반적으로 적절한 좌표를 택하여 $g_{\mu\nu}$를 상수로 만들 수 있다면), 이 평행이동으로 얻은 G의 벡터는 P와 G를 어떤 곡선으로 잇든 일정하다. 반면 유클리드공간이 아니라면 그 결과는 경로에 따라 다르다. 따라서 이때는 P의 한 벡터를 어떤 폐곡선을 따라 G로 평행이동한 뒤 다시 P로 가져오면 ΔA^μ 만큼의 달라지는데(물론 크기는 일정하고 방향만 바뀐다), 아래에서는 다음의 식으로 주어지는 이 변화를 계산해본다.

$$\Delta A^\mu = -\oint \delta A^\mu$$

영국의 수학자 조지 스토크스George Stokes, 1819~1903의 이름을 붙여 부르는 스토크스의 정리Stokes's theorem에서는 어떤

[그림 4]

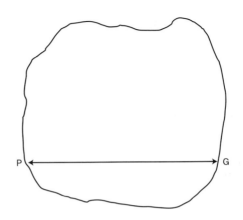

벡터를 폐곡선을 따라 선적분한다. 그런데 이 문제도 무한소의 폐곡선을 따라가는 선적분으로 다룰 수 있으며, 여기에서는 이에 대해서만 이야기한다.

먼저 (67)에서 다음을 얻는다.

$$\Delta A^\mu = -\oint \Gamma^\mu_{\alpha\beta} A^2 dx_\beta$$

위 식의 $\Gamma^\mu_{\alpha\beta}$는 적분경로에 있는 임의의 점 G에서의 값이다. ξ^μ를 다음과 같이 정의하고,

$$\xi^\mu = (x_\mu)_G - (x_\mu)_P$$

P에서의 $\Gamma^{\mu}_{\alpha\beta}$의 값을 $\overline{\Gamma^{\mu}_{\alpha\beta}}$로 나타내면 다음의 식은 충분히 정확한 어림셈이라고 할 수 있다.

$$\Gamma^{\mu}_{\alpha\beta} = \overline{\Gamma^{\mu}_{\alpha\beta}} + \overline{\frac{\partial \Gamma^{\mu}_{\alpha\beta}}{\partial x_{\nu}}} \, \xi^{\nu}$$

한편 $\overline{A^{\alpha}}$를 P와 G를 잇는 곡선을 따라 G로 평행이동하여 얻은 값을 A^{α}라고 하자. 그러면 (67)을 이용하여 이 곡선의 무한소 1차 어림에 대해 $A^{\mu} - \overline{A^{\mu}}$는 1차 무한소이며 ΔA^{μ}는 2차 무한소임을 쉽게 보일 수 있다. 따라서 다음과 같이 놓는 다면 2차의 오차밖에 생기지 않는다.

$$A^{\alpha} = \overline{A^{\alpha}} - \overline{\Gamma^{\alpha}_{\sigma\tau}} \, \overline{A^{\sigma}} \, \overline{\xi^{\tau}}$$

이렇게 얻은 $\Gamma^{\mu}_{\alpha\beta}$와 A^{α}의 값을 위의 적분에 넣고 3차 이상 의 양들을 모두 무시하면 다음의 식을 얻게 된다.

$$(85) \qquad \Delta A^{\mu} = -\left(\frac{\partial \Gamma^{\mu}_{\sigma\beta}}{\partial x_{\alpha}} - \Gamma^{\mu}_{\rho\beta} \Gamma^{\rho}_{\sigma\alpha} \right) A^{\sigma} \oint \xi^{\alpha} d\xi^{\beta}$$

적분에서 배제된 양들은 P에 대한 것들인데, 적분 대상에 서 $\dfrac{d(\xi^{\alpha} \xi^{\beta})}{2}$ 를 빼면 다음의 식이 나온다.

$$\frac{1}{2} \oint (\xi^\alpha d\xi^\beta - \xi^\beta d\xi^\alpha).$$

이 2차반대칭텐서 $f^{\alpha\beta}$는 곡선으로 둘러싸인 면소面素, surface element의 크기와 방향을 나타낸다. (85)의 괄호 부분이 첨자 α와 β에 대해 반대칭이면, 그 텐서성은 (85)로부터 도출된다. 이를 알아보기 위해 (85)의 총합 첨자 α와 β를 바꾸어 얻은 식을 (85)에 더하면 다음 식이 나온다.

(86)
$$2 \Delta A^\mu = -R^\mu_{\sigma\alpha\beta} A^\sigma f^{\alpha\beta}$$

위의 $R^\mu_{\sigma\alpha\beta}$를 풀어쓰면 다음과 같다.

(87)
$$R^\mu_{\sigma\alpha\beta} = -\frac{\partial \Gamma^\mu_{\sigma\alpha}}{\partial x_\beta} + \frac{\partial \Gamma^\mu_{\sigma\beta}}{\partial x_\alpha} + \Gamma^\mu_{\rho\alpha}\Gamma^\rho_{\sigma\beta} - \Gamma^\mu_{\rho\beta}\Gamma^\rho_{\sigma\alpha}$$

$R^\mu_{\sigma\alpha\beta}$의 텐서성은 (86)에서 나온다. 이 4차텐서는 리만곡률텐서Riemann curvature tensor라고 하는데 그 대칭성에 대해 더 살펴볼 필요는 없다. 이 텐서의 값이 0이라는 조건은 선택한 좌표가 실질적인지에 상관없이 해당 연속체가 유클리드공간이 될 충분조건이다.

리만텐서를 μ와 β에 대해 축약하면 아래와 같은 2차 대칭

텐서를 얻는다.

$$(88) \qquad R_{\mu\nu} = -\frac{\partial \Gamma^{\alpha}_{\mu\nu}}{\partial x_{\alpha}} + \Gamma^{\alpha}_{\mu\beta}\Gamma^{\beta}_{\nu\alpha} + \frac{\partial \Gamma^{\alpha}_{\mu\alpha}}{\partial x_{\nu}} - \Gamma^{\alpha}_{\mu\nu}\Gamma^{\beta}_{\alpha\beta}$$

좌표계를 g가 상수가 되도록 택하면 끝의 두 항은 상쇄되어 0이 된다. 한편 이 $R_{\mu\nu}$로부터 아래의 스칼라를 만들 수 있다.

$$(89) \qquad\qquad R = g^{\mu\nu}R_{\mu\nu}$$

직선(측지선) 어떤 선소가 이전 선소의 평행이동인 선소들을 모아 선을 만들 수 있다. 이는 유클리드기하에 나오는 직선의 자연스런 일반화이며, 이에 대해서는 다음 식이 성립한다.

$$\delta\left(\frac{dx_{\mu}}{ds}\right) = -\Gamma^{\mu}_{\alpha\beta}\frac{dx_{\alpha}}{ds}\,dx_{\beta}$$

좌변은 $\dfrac{d^{2}x_{\mu}}{ds^{2}}$로 대치할 수 있으므로 다음 식이 나온다.◆

◆ 곡선의 한 점 P에 이웃한 점 Q의 방향벡터는 P의 방향벡터를 선소(dx_{β})를 따라 평행이동하면 얻어진다.

$$(90) \qquad \frac{d^2x_\mu}{ds^2} + \Gamma_{\alpha\beta}^{\mu} \frac{dx_\alpha}{ds} \frac{dx_\beta}{ds} = 0$$

아래 적분의 정류값stationary value이 되는 선을 찾아도 두 점을 위와 같이 잇는 선(측지선)이 나온다.

$$\int ds \ \text{또는} \ \int \sqrt{g_{\mu\nu} dx_\mu dx_\nu}$$

일반
상대성이론
II

The
GENERAL
THEORY
of
RELATIVITY
(CONTINUED)

우리는 이제 일반상대성이론의 법칙들을 세우는 데에 필요한 수학적 도구를 모두 갖추었다. 그런데 여기에서 이 이론에 대해 체계적으로 세세하게는 논의하지 않을 것이다. 다만 독립적인 결과나 가능성들은 이미 알려지거나 얻어진 결론들로부터 단계적으로 제시하도록 한다. 이 분야에 대한 우리의 지식이 아직 충분히 무르익지 않았다는 점을 고려해보면, 현재로서 이런 접근법이 가장 적절하다고 판단된다.

관성의 법칙에 의하면 물질입자는 외력이 없는 한 직선을 따라 일정한 속력으로 움직인다. 그리고 실수 시간 좌표를 가진 특수상대성이론의 4차원 연속체에서 이 경로는 실직선이다. 이것을 (리만식의) 일반적인 불변량이론의 관념 체계에 적용할 경우 가장 단순하고 자연스러운 귀결은 가장 반듯한 선, 곧 측지선이다. 그러므로 등가원리에 비추어볼 때 관성과 중력만 작용할 경우 물질입자의 운동은 다음의 식으로 서술된다고 가정해야 한다.

(90)
$$\frac{d^2x_\mu}{ds^2} + \Gamma^\mu_{\alpha\beta}\frac{dx_\alpha}{ds}\,\frac{dx_\beta}{ds} = 0$$

사실 이 식은 중력장의 성분 $\Gamma^\mu_{\alpha\beta}$들이 모두 0일 경우 직선의 식이 된다.

이 식은 뉴턴의 운동방정식과 어떻게 연결될까? 특수상대성이론에 따르면, (시간 좌표가 실수이고 ds^2의 부호를 적절히 택할 경우) 어떤 관성계에 대해 $g_{\mu\nu}$와 $g^{\mu\nu}$는 모두 다음과 같이 쓸 수 있다.

(91)
$$\begin{cases} \begin{array}{cccc} -1 & 0 & 0 & 0 \\ 0 & -1 & 0 & 0 \\ 0 & 0 & -1 & 0 \\ 0 & 0 & 0 & 1 \end{array} \end{cases}$$

그러면 운동방정식은 다음과 같다.

$$\frac{d^2x_\mu}{ds^2} = 0$$

우리는 이를 $g_{\mu\nu}$장(場, field)의 1차 어림이라 부르기로 한다. 그런데 특수상대성이론에서 보듯 어림값을 다룰 때 허수 시간 좌표를 쓰면 유용한 경우가 많으며, 이때 $g_{\mu\nu}$의 1차 어림은 다음과 같다.

(91a)
$$\begin{cases}
-1 & 0 & 0 & 0 \\
0 & -1 & 0 & 0 \\
0 & 0 & -1 & 0 \\
0 & 0 & 0 & -1
\end{cases}$$

이것은 간단히 다음과 같이 쓸 수 있다.

$$g_{\mu\nu} = -\delta_{\mu\nu}$$

2차 어림을 구하려면 다음처럼 다른 항을 덧붙여야 한다.

$$(92) \qquad\qquad g_{\mu\nu}=-\delta_{\mu\nu}+\gamma_{\mu\nu}$$

이때 $\gamma_{\mu\nu}$는 1차 어림만큼 작다고 간주한다.

그러면 운동방정식의 항들은 모두 1차 어림만큼 작은데, 이것들과 비교할 때 1차 어림만큼 작은 항들을 무시한다면 다음과 같이 써야 한다.

$$(93) \qquad\qquad ds^2=-dx_\nu^{\,2}=dl^2(1-q^2)$$

$$(94) \quad \Gamma_{\alpha\beta}^{\mu}=-\delta_{\mu\sigma}\begin{bmatrix} \alpha\beta \\ \sigma \end{bmatrix}=-\begin{bmatrix} \alpha\beta \\ \mu \end{bmatrix}=\frac{1}{2}\left(\frac{\partial\gamma_{\alpha\beta}}{\partial x_\mu} - \frac{\partial\gamma_{\alpha\mu}}{\partial x_\beta}\,\frac{\partial\gamma_{\beta\mu}}{\partial x_\alpha} \right)$$

다음으로 두 번째 종류의 어림, 곧 물질입자의 속력은 광속에 비해 매우 작다는 어림을 도입한다. 그러면 ds는 시간 미분 dl과 같아지며 $\dfrac{dx_1}{ds},\ \dfrac{dx_2}{ds},\ \dfrac{dx_3}{ds}$ 는 $\dfrac{dx_4}{ds}$ 에 비해 너무 작아서 무시된다. 또한 중력장의 시간에 따른 변화가 매우 작아서 $\gamma_{\mu\nu}$의 x_4에 대한 미분도 무시된다고 가정할 수 있다. 그러면 $\mu=1$, 2, 3에 대한 운동방정식은 다음과 같이 쓸 수 있다.

$$(90a) \qquad\qquad \frac{d^2 x_\mu}{dl^2}=\frac{\partial}{\partial x_\mu}\left(\frac{\gamma_{44}}{2} \right)$$

위의 식은 $\frac{\gamma_{44}}{2}$를 중력장의 퍼텐셜이라고 보면 중력장에 있는 물질입자의 운동에 대한 뉴턴의 식과 같다. 이것이 허용될 수 있는지의 여부는 당연히 중력장방정식에 달려 있다. 다시 말하자면 이는 이 양의 1차 어림이 뉴턴의 이론에서 나오는 중력퍼텐셜에 대한 것과 같은 장의 법칙을 충족할 수 있는지에 달려 있는 것이다. (90)과 (90a)를 살펴보면 $\Gamma_{\mu\alpha}^{4}$의 역할이 실제로 중력장의 세기에 해당한다는 점을 알 수 있다. 하지만 이것에는 텐서성이 없다.

(90)은 물질입자에 대한 관성과 중력의 영향을 나타낸다. 형식적으로 관성과 중력의 연합은 (90)의 좌변 전체가 임의의 좌표변환에 대해 텐서성을 가진다는 점으로 표현되지만 이것들 각자에는 텐서성이 없다. 뉴턴의 방정식과 비교해보면 첫째와 둘째 항은 각각 관성과 중력에 해당한다고 생각할 수 있다.

다음으로 우리는 중력장법칙을 찾아보아야 한다. 그러려면 뉴턴의 이론에서 나오는 것으로 프랑스의 수학자이자 물리학자인 시메옹 드니 푸아송Siméon-Denis Poisson, 1781~1840이 제시한 아래의 푸아송 방정식Poisson's equation을 모델로 삼아야 한다.

$$\Delta\varphi=4\pi K\rho$$

이 방정식은 물질의 밀도 ρ에서 중력장이 발생한다는 점에 근거한다. 따라서 이는 일반상대성이론에서도 성립해야 한다. 그런데 특수상대성이론에 따르면 우리에게는 물질의 스칼라밀도 대신 단위부피당의 에너지텐서가 주어져 있다. 또한 이 텐서에는 질량에너지뿐 아니라 전자기에너지도 포함되어 있다.

하지만 현재 상황에서 좀더 완전한 분석을 하고자 한다면, 불가피하게도 에너지텐서는 물질을 불완전하게 나타내는 잠정적 수단으로 생각해야 한다는 점을 우리는 이미 앞에서 살펴보았다. 현실적으로 물질은 전하를 띤 입자들로 이루어져 있다. 따라서 물질 자체는 전자기장의 일부인데 실제로는 대부분에 해당한다고 받아들여야 한다.

그러나 이처럼 밀집된 전하들이 만드는 전자기장에 대한 지식은 아직 불충분하다. 따라서 에너지텐서의 참된 모습을 결정하지 않은 잠정적 상태에서 논의를 펼쳐야 한다. 이런 관점에서 볼 때 현재로서는 미지의 구조를 가진 2차텐서 $T_{\mu\nu}$를 도입하고 여기에 질량과 전자기장의 에너지밀도가 잠정적으로 결합되어 있다고 생각하는 것이 타당하며, 이에 따라

상대성이란 무엇인가

앞으로 이것을 '물질의 에너지텐서' 라고 부르기로 한다.

이전의 결과에 따르면 운동량원리와 에너지원리는 이 텐서의 발산이 0이라는 점으로 표현되는데(47c), 일반상대성이론에서 우리는 이에 대응하는 일반불변식이 타당하다고 가정해야 한다. 만일 물체의 공변에너지텐서를 $(T_{\mu\nu})$로 나타내면 $\mathfrak{T}_\sigma^\nu$는 이에 대응하는 혼합텐서밀도이며, 따라서 (83)에 의해 다음 식이 충족되어야 한다.

$$(95) \qquad\qquad 0 = \frac{\partial \mathfrak{T}_\sigma^\alpha}{\partial x_\alpha} - \Gamma_{\sigma\beta}^\alpha \mathfrak{T}_\sigma^\beta$$

유의할 것은 물질의 에너지밀도 외에 중력장의 에너지밀도도 있으므로, 물질의 에너지와 운동량의 보존원리만 따로 이야기할 수 없다는 점이다. 수학적으로 이는 (95)의 둘째 항으로 드러나는데, 이것 때문에 이에 대해서는 (49)와 같은 형태의 적분방정식이 존재한다는 결론을 내릴 수 없다. 중력장은 물질에 힘을 가하여 에너지를 준다는 점에서 물질에 운동량과 에너지를 전달하는데, (95)의 둘째 항이 바로 이 사실을 나타낸다.

일반상대성이론에서 푸아송 방정식에 대응하는 것이 존재한다면 그것은 중력퍼텐셜의 텐서 $g_{\mu\nu}$에 대한 텐서방정식이

어야 한다. 그리고 그 좌변에는 $g_{\mu\nu}$에 대한 미분텐서, 우변에는 에너지텐서가 자리 잡아야 한다. 따라서 우리는 이 미분텐서를 찾아야 하는데, 이는 아래의 세 조건에 의해 결정된다.

1. $g_{\mu\nu}$에 대한 3차 이상의 미분계수가 없어야 한다.
2. 이 2차미분계수들에 대해 1차여야 한다(앞의 '2차'는 미분의 차수, 뒤의 '1차'는 거듭제곱의 차수를 뜻한다─옮긴이).
3. 그 발산은 0이어야 한다.

짐작하는 바와 같이 1과 2는 푸아송 방정식에서 따왔다. 수학적으로 증명할 수 있다시피 이와 같은 미분텐서들은 모두 리만텐서에서 대수적으로(곧 미분하지 않고) 이끌어낼 수 있기 때문에 다음의 형태가 되어야 한다.

$$R_{\mu\nu} + ag_{\mu\nu}R$$

위의 $R_{\mu\nu}$와 R은 각각 (88)과 (89)에 정의되어 있다. 또한 셋째 조건에 따르면 a의 값은 $-\frac{1}{2}$이어야 한다. 따라서 우리는 중력장법칙으로 다음 식을 얻는다.

(96)
$$R_{\mu\nu} - \frac{1}{2} g_{\mu\nu}R = -\kappa T_{\mu\nu}$$

여기에서 κ는 뉴턴의 중력상수와 관련되는 상수이며, (95)는 이 식의 귀결이다.

앞으로 복잡한 수학적 방법은 되도록 줄이고 물리학의 관점에서 이 식과 관련된 흥미로운 점들을 살펴보도록 하자. 그럴 경우 맨 먼저 할 일은 좌변의 발산이 실제로 0이 됨을 보이는 것이다. 물질의 에너지원리는 (83)에 의해 다음과 같이 표현되는데,

(97)
$$0 = \frac{\partial \mathfrak{T}_\sigma^\alpha}{\partial x_\alpha} - \Gamma_{\sigma\beta}^\alpha \mathfrak{T}_\alpha^\beta$$

여기에서 $\mathfrak{T}_\sigma^\alpha$는 다음과 같다.

$$\mathfrak{T}_\sigma^\alpha = \Gamma_{\sigma\tau} g^{\tau\alpha} \sqrt{-g}$$

(96)의 좌변에 비슷한 연산을 실행하면 바라는 결과를 얻게 된다.

각각의 세계점world-point을 둘러싼 영역에는 허수의 x_4좌표를 택했을 때 다음의 식이 성립하는 좌표계들이 존재한다.

여기에서 $g_{\mu\nu}$와 $g^{\mu\nu}$의 1차 미분은 0이다.

$$g_{\mu\nu}=g^{\mu\nu}=-\delta_{\mu\nu} \begin{cases} = -1 \text{ if } \mu =\nu \\ = 0 \text{ if } \mu \neq\nu \end{cases}$$

이제 이 점에서 좌변의 발산이 0임을 증명해보기로 하자. 그러기 위해서는 이 점에서 $\Gamma^{\mu}_{\beta\alpha}$의 성분들이 0이 되므로 다음의 값이 0이 된다는 사실만 증명하면 된다.

$$\frac{\partial}{\partial x_\sigma} \left[\sqrt{-g}\, g^{\nu\sigma}(R_{\mu\nu} - \frac{1}{2}\, g_{\mu\nu}R) \right]$$

(88)과 (70)을 이 식에 적용하면 남는 것은 $g_{\mu\nu}$의 3차 도함수가 들어가는 것들뿐임을 알 수 있다. $g_{\mu\nu}$는 $-\delta_{\mu\nu}$로 치환해야 하므로, 마지막에는 서로 상쇄되는 몇 개의 항들만 남는다는 점이 쉽게 드러난다. 우리가 만든 양은 텐서성을 가진다. 따라서 이게 0이 된다는 사실은 다른 모든 좌표계에서는 물론 4차원의 다른 모든 점들에서도 마찬가지다. 그러므로 (97)이 나타내는 물질의 에너지원리는 중력장방정식 (96)의 수학적 귀결이다.

(96)이 우리의 경험과 일치하는지 알아보려면 무엇보다 먼저 이것의 1차 어림이 뉴턴의 이론과 부합하는지를 밝혀

야 한다. 그런데 그러자면 이 방정식에 다양한 어림법을 도입해야 한다.

우리는 이미 유클리드기하와 광속일정법칙이 태양계와 같은 사뭇 광대한 영역에서도 잘 적용될 정도로 적절한 수준의 어림이라는 점을 알고 있다. 특수상대성이론에서처럼 허수의 넷째 좌표를 택한다고 한다면, 이것은 우리가 다음과 같이 써야 함을 뜻한다.

(98) $$g_{\mu\nu} = -\delta_{\mu\nu} + \gamma_{\mu\nu}$$

이 식의 $\gamma_{\mu\nu}$는 1에 비해 매우 작으므로 $\gamma_{\mu\nu}$ 및 그 도함수들의 고차 거듭제곱 항들을 무시할 수 있다. 이렇게 하면 중력장이나 천문학적 크기의 계측공간이 가진 구조에 대해서는 아무것도 알 수 없다. 하지만 주변의 물체가 물리적 현상들에 미치는 영향은 밝혀낼 수 있다.

이 어림법을 행하기에 앞서 (96)을 변환하기 위해 (96)의 양변에 $g^{\mu\nu}$를 곱하고 μ와 ν에 대해 총합한다. 이때 $g^{\mu\nu}$의 정의에서 도출되는 다음 식을 이용하면,

$$g_{\mu\nu} g^{\mu\nu} = 4$$

다음의 식이 나온다.

$$R = \kappa g^{\mu\nu} T_{\mu\nu} = \kappa T$$

이렇게 얻은 R의 값을 (96)에 넣으면 다음 식을 얻는다.

(96a)
$$R_{\mu\nu} = -\kappa \left(T_{\mu\nu} - \frac{1}{2} g_{\mu\nu} T \right) = -\kappa T_{\mu\nu}^*$$

그런 다음 앞서 말한 어림법을 행하면 좌변이 다음과 같이 되고,

$$-\frac{1}{2} \left(\frac{\partial^2 \gamma_{\mu\nu}}{\partial x_\alpha^2} + \frac{\partial^2 \gamma_{\alpha\alpha}}{\partial x_\mu \partial x_\nu} - \frac{\partial^2 \gamma_{\mu\alpha}}{\partial x_\nu \partial x_\alpha} - \frac{\partial^2 \gamma_{\nu\alpha}}{\partial x_\mu \partial x_\alpha} \right)$$

이는 다음처럼 쓸 수도 있는데,

$$-\frac{1}{2} \frac{\partial^2 \gamma_{\mu\nu}}{\partial x_\alpha^2} + \frac{1}{2} \frac{\partial}{\partial x_\nu} \left(\frac{\partial \gamma'_{\mu\alpha}}{\partial x_\alpha} \right) + \frac{1}{2} \frac{\partial}{\partial x_\mu} \left(\frac{\partial \gamma'_{\nu\alpha}}{\partial x_\alpha} \right)$$

여기에는 다음의 식이 쓰였다.

$$(99) \qquad \gamma'_{\mu\nu} = \gamma_{\mu\nu} - \frac{1}{2}\gamma_{\sigma\sigma}\delta_{\mu\nu}$$

위의 (96)은 어떤 좌표계에서나 성립한다는 점에 주목해야 한다. 주어진 영역에서 $g_{\mu\nu}$가 일정한 값의 $-\delta_{\mu\nu}$와 무한소만큼만 다르다는 점에서 우리는 이미 특정한 좌표계를 선택한 셈이다. 하지만 좌표계를 무한소만큼 변화시키는 모든 변환에서 이 조건은 언제나 충족된다. $\gamma_{\mu\nu}$가 충족해야 할 조건은 아직 4가지가 더 남아 있는데, 이 조건들은 $\gamma_{\mu\nu}$의 크기에 대한 조건과 충돌하지 않아야 한다. 이제 다음의 네 조건이 충족되도록 좌표계를 선택했다고 가정해보자.

$$(100) \qquad 0 = \frac{\partial \gamma'_{\mu\nu}}{\partial x_\nu} = \frac{\partial \gamma_{\mu\nu}}{\partial x_\nu} - \frac{1}{2}\frac{\partial \gamma_{\sigma\sigma}}{\partial x_\mu}$$

그러면 (96a)는 다음과 같이 바뀐다.

$$(96b) \qquad \frac{\partial^2 \gamma_{\mu\nu}}{\partial x_\alpha^2} = 2\kappa T^*_{\mu\nu}$$

이 방정식들은 전자기학에서 낯익은 지연퍼텐셜retarded potential의 해법에 따라 풀 수 있으며, 그 답을 잘 알려진 표기법으로 쓰면 다음과 같다.

$$(101) \qquad \gamma_{\mu\nu} = -\frac{\kappa}{2\pi} \int \frac{T_{\mu\nu}^{*}(x_0, y_0, z_0, t-r)}{r} \, dV_0$$

이 이론이 어떤 의미에서 뉴턴의 이론을 포함하고 있는지 알아보려면 물질의 에너지텐서를 자세히 살펴보아야 한다. 현상론적으로 말하면 에너지텐서는 전자기장의 것과 좁은 의미의 물질의 것으로 이루어져 있다. 그런데 특수상대성이론의 결론에 따라 이 두 부분을 크기의 관점에서 비교하면 전자기장의 것은 물질의 것에 비해 너무나 작아서 사실상 무시할 수 있다. 우리가 채택한 단위에 의하면 1그램의 물질이 가진 에너지는 1인데, 이에 비하면 전기장의 에너지는 무시할 수 있다. 물질의 변형에서 유래하는 에너지도 마찬가지고, 나아가 화학적 에너지도 그렇다. 그러므로 아래와 같이 놓으면 우리의 논의에 충분히 적합한 어림이 된다.

$$(102) \qquad \begin{cases} T^{\mu\nu} = \sigma \dfrac{dx_{\mu}}{ds} \dfrac{dx_{\nu}}{ds} \\[2mm] ds^2 = g_{\mu\nu} dx_{\mu} dx_{\nu} \end{cases}$$

위 식에서 σ는 정지 상태의 밀도, 곧 이 물체와 함께 움직이는 갈릴레오좌표계에서 측정하여 얻은 일반적인 의미의 밀도를 가리킨다.

한편 우리가 택한 좌표계에서는 $g_{\mu\nu}$를 $-\delta_{\mu\nu}$로 대체하더라도 오차는 비교적 작을 것이므로 다음과 같이 쓸 수 있다.

(102a)
$$ds^2 = -\sum dx_\mu{}^2$$

지금까지의 논의는 전자기장을 만드는 물체가 우리가 택한 준準갈릴레오좌표계quasi-Galilean coordinates에 대해 아무리 빨리 움직이더라도 성립한다. 하지만 천문학에서는 언제나 우리가 택한 좌표계에 대해 광속, 곧 우리가 택한 시간의 단위로 보았을 때의 1보다 아주 작은 속력으로 움직이는 물체를 다룬다. 따라서 (101)의 지연퍼텐셜을 통상적인 비지연퍼텐셜로 대체하고, 전자기장을 만드는 물체에 다음 식을 적용하더라도 실질적으로 거의 모든 경우에 충분히 만족스런 어림이 나온다.

(103) $\dfrac{dx_1}{ds} = \dfrac{dx_2}{ds} = \dfrac{dx_3}{ds} = 0, \dfrac{dx_4}{ds} = \dfrac{\sqrt{-1}dl}{dl} = \sqrt{-1}$

그러면 $T^{\mu\nu}$와 $T_{\mu\nu}$에 대하여 다음 값들을 얻는다.

$$(104) \quad \left\{ \begin{array}{cccc} 0 & 0 & 0 & 0 \\ 0 & 0 & 0 & 0 \\ 0 & 0 & 0 & 0 \\ 0 & 0 & 0 & -\sigma \end{array} \right.$$

T의 값은 σ이므로 최종적으로 $T_{\mu\nu}^*$의 값들은 다음과 같다.

$$(104a) \quad \left\{ \begin{array}{cccc} \dfrac{\sigma}{2} & 0 & 0 & 0 \\[2mm] 0 & \dfrac{\sigma}{2} & 0 & 0 \\[2mm] 0 & 0 & \dfrac{\sigma}{2} & 0 \\[2mm] 0 & 0 & 0 & -\dfrac{\sigma}{2} \end{array} \right.$$

따라서 (101)로부터 다음의 식을 얻는데 이외의 $\gamma_{\mu\nu}$들은 모두 0이다.

$$(101a) \quad \left\{ \begin{array}{l} \gamma_{11}=\gamma_{22}=\gamma_{33}=-\dfrac{\kappa}{4\pi}\displaystyle\int \dfrac{\sigma dV_0}{r} \\[4mm] \gamma_{44}=+\dfrac{\kappa}{4\pi}\displaystyle\int \dfrac{\sigma dV_0}{r} \end{array} \right.$$

위의 끝 식은 (90a)와 더불어 뉴턴의 중력이론을 포함한다. 만일 l을 ct로 대체하면 다음 식이 나온다.

$$(90b) \qquad \frac{d^2 x_\mu}{dl^2} = \frac{\kappa c^2}{8\pi} \frac{\partial}{\partial x_\mu} \int \frac{\sigma dV_0}{r}$$

이로부터 뉴턴의 중력상수 K가 아래와 같은 형태로 중력장방정식에 들어가는 κ와 관련지어짐을 알 수 있다.

$$(105) \qquad K = \frac{\kappa c^2}{8\pi}$$

알려진 K의 값을 이용하면 κ의 값이 나온다.

$$(105a) \qquad \kappa = \frac{8\pi K}{c^2} = \frac{8\pi \times 6.67 \times 10^{-8}}{9 \times 10^{20}} = 1 \times 86.10^{-27}$$

(101)에서 우리는 중력장의 구조가 1차 어림부터 이미 뉴턴 이론의 귀결과 근본적으로 다르다는 점을 알 수 있다. 이 차이는 중력퍼텐셜이 스칼라가 아니라 텐서의 성질을 가진다는 데에서 유래한다. 과거에는 이를 깨닫지 못했는데, 이는 g_{44}만이 1차 어림으로 물질입자들의 운동방정식에 들어가기 때문이었다.

이렇게 얻은 결과들을 이용하여 측정에 쓰이는 자와 시계의 행동을 판단하려면 다음 사실에 주목해야 한다. 등가원리에 따르면 유클리드기하의 계측관계식은 무한히 작은 직교기준계와 (회전 없이 자유낙하하는) 제한된 운동에 대해서만 타당하다. 또한 이는 그런 좌표계에 대해 가속이 작은 국소좌표계에 대해서도 마찬가지며, 따라서 우리가 택한 좌표계에 대해 정지한 좌표계에서도 그렇다. 이런 국소좌표계의 경우 인접한 두 점의 사건에 대해 다음과 같이 쓸 수 있다.

$$ds^2 = -dX_1^2 - dX_2^2 - dX_3^2 + dT^2 = -dS^2 + dT^2$$

여기의 dS는 자로 직접 측정하고 dT는 이 좌표계에 대해 정지한 시계로 측정한다. 따라서 이 양들은 자연스럽게 측정된 길이와 시간이다. 반면 ds^2은 유한한 영역의 좌표들에 의해 다음과 같이 표현된다.

$$ds^2 = g_{\mu\nu} dx_\mu dx_\nu$$

그러므로 한편으로는 자연스럽게 측정된 길이와 시간 사

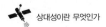

이의 식, 다른 한편으로는 대응하는 좌표들의 차에 대한 식을 얻을 수 있다. 공간과 시간을 나누는 것은 두 좌표계에 대해 부합하므로 ds^2에 대한 이 두 식을 같다고 놓으면 두 개의 관계식이 나온다. (101a)에 따라 다음과 같이 쓰면,

$$ds^2 = -\left(1 + \frac{\kappa}{4\pi}\int\frac{odV_0}{r}\right)(dx_1^2 + dx_2^2 + dx_3^2)$$
$$+ \left(1 - \frac{\kappa}{4\pi}\int\frac{odV_0}{r}\right)dl^2$$

충분한 정도의 어림으로 다음 식을 얻을 수 있다.

$$(106) \quad \begin{cases} \sqrt{(dX_1^2 + dX_2^2 + dX_3^2)} \\ \qquad = \left(1 + \frac{\kappa}{8\pi}\int\frac{odV_0}{r}\right)\sqrt{(dx_1^2 + dx_2^2 + dx_3^2)} \\ dT = \left(1 - \frac{\kappa}{8\pi}\int\frac{odV_0}{r}\right)dl \end{cases}$$

따라서 자는 우리가 택한 좌표계에 대해 아래와 같은 좌표 길이를 가진다.

$$1 - \frac{\kappa}{8\pi}\int\frac{odV_0}{r}$$

우리가 택한 좌표계는 이 길이가 장소에만 의존할 뿐 방향에는 의존하지 않는다는 점을 보장해준다. 만일 다른 좌표계를 택했다면 이렇게 되지 않을 것이다. 하지만 어떤 좌표계를 택하든 강체 자의 형태에 대한 법칙은 유클리드기하의 법칙에 부합하지 않는다. 다시 말해서 강체 자를 어떤 방향으로 놓더라도 양끝 점들의 좌표 차인 Δx_1, Δx_2, Δx_3가 언제나 $\Delta x_1^2 + \Delta x_2^2 + \Delta x_3^2 = 1$이 되도록 하는 좌표계는 선택할 수 없다. 이런 뜻에서 실제의 공간은 유클리드공간이 아닌 '휘어진' 공간이다. 한편 위의 둘째 식에 따르면 $dT=1$인 단위시계가 내는 똑딱 소리의 간격은 우리가 사용하는 좌표계의 단위로 환산하면 다음의 시간에 해당한다.

$$1 + \frac{\kappa}{8\pi} \int \frac{\sigma dV_0}{r}$$

이처럼 시간의 흐름은 주위에 있는 물체가 무거울수록 느려진다. 따라서 태양의 표면에서 나오는 빛 스펙트럼의 파장들은 지구의 것에 비해 2×10^{-6}만큼 길어질 것이라고 예상할 수 있다. 일반상대성이론의 이 중요한 귀결은 처음에는 관측 결과와 일치하지 않는 듯 보였다. 하지만 지난 몇 년 사이의 자료들에 따르면 이 효과의 신빙성은 갈수록 높아지고 있으며, 앞으로 확증되리라는 데에 의문의 여지가 없다.

실험으로 검증할 수 있는 이 이론의 또 다른 귀결은 빛의 경로와 관련이 있다. 일반상대성이론에서도 국소적 관성계에 대한 광속은 어디에서나 동일하며, 우리가 택한 자연시간 단위로는 1이다. 따라서 일반상대성이론에 따르면 일반적인 좌표계에서 빛의 전파 법칙은 다음 식으로 주어진다.

$$ds^2 = 0$$

우리가 택한 좌표계와 우리가 사용하는 어림의 한계 안에서 (106)에 의하면 광속은 다음과 같다.

$$\left(1 + \frac{\kappa}{4\pi}\int \frac{\sigma dV_0}{r}\right)(dx_1{}^2 + dx_2{}^2 + dx_3{}^2)$$
$$= \left(1 - \frac{\kappa}{4\pi}\int \frac{\sigma dV_0}{r}\right)dl^2$$

그러므로 우리의 좌표계에서 빛 L의 속력은 다음과 같이 표현된다.

$$(107) \qquad \frac{\sqrt{dx_1^2 + dx_2^2 + dx_3^2}}{dl} = 1 - \frac{\kappa}{4\pi} \int \frac{\sigma dV_0}{r}$$

이에 따르면 빛이 큰 질량을 가진 물체의 주변을 지날 경우 그 경로가 휘어진다. 태양의 질량 M이 우리가 택한 좌표계의 원점에 밀집되어 있다고 가정하면, 원점으로부터 $\varDelta$의 거리를 두고 x_1 x_3평면에서 x_3축과 평행하게 나아가는 빛줄기는 아래의 양만큼 태양 쪽으로 휘어지는데,

$$\alpha = \int_{-\infty}^{+\infty} \frac{1}{L} \frac{\partial L_\nu}{\partial x_1} dx_3$$

적분을 한 결과는 다음과 같다.

$$(108) \qquad \alpha = \frac{\kappa M}{2\pi \varDelta}$$

태양의 경우 그 반지름에 해당하는 $\varDelta$에서 $1.7''$로 계산된 이 휘어짐은 1919년 영국의 일식 탐험대에 의해 고도의 정확한 수준에서 확인되었다. 1922년의 일식 때에는 더욱 정확한 관측 자료를 얻기 위해 세심한 준비를 했다. 일반상대성이론의 이 결론이 좌표계의 선택에 영향을 받지 않는다는 점 역시 주목해야 한다.

다음으로 일반상대성이론의 결론들 가운데 관측으로 검증할 수 있는 세 번째의 것, 곧 수성의 근일점이동에 대해 살펴보자. 근일점이동은 행성의 타원 공전 궤도에서 태양에 가장 가까운 점이 공전할 때마다 일치하는 것이 아니라 조금씩 움직이는 현상을 가리킨다. 행성들 가운데 태양에 가장 가까운 수성에서 뚜렷이 나타난다. 하지만 그나마도 그 변화의 정도는 아주 미미하며 오랜 세월에 걸쳐 계속 변하기 때문에 영년변화secular change의 일종으로 파악된다.

관측법의 발달 덕분에 이 변화는 현재 매우 정확하게 측정되며, 지금까지 이야기한 어림법은 이제 이를 다루기에는 부적합해졌다. 따라서 우리는 다시 일반적인 중력장방정식 (96)으로 돌아가야 한다. 이 문제를 풀기 위해 나는 연속어림을 이용했다. 하지만 이후 정지한 구대칭 중력장의 문제가 슈바르츠실트 등에 의해 해결되었으며, 바일이 그의 책 《공간 시간 물질Raum-Zeit-Materie》(영문판은 *Space Time Matter*이다-옮긴이)에서 제시한 해법이 특히 훌륭하다. 만일 (96)으로 직접 돌아가지 않고, 이와 동등한 변분원리變分原理, variation principle를 이용하면 계산은 좀더 간단해진다. 이에 대해서는 이 방법을 이해하는 데에 필요한 정도만 이야기하기로 한다.

정지장의 경우 ds^2은 다음의 형태가 되어야 한다.

(109)
$$\begin{cases} ds^2 = -d\sigma^2 + f^2 dx_4^2 \\ d\sigma^2 = \sum_{1-3} \gamma_{\alpha\beta} dx_\alpha dx_\beta \end{cases}$$

두 번째 식 우변의 총합은 공간변수에 대해서만 행한다. 한편 장이 구대칭이므로 $\Gamma_{\mu\nu}$는 다음의 형태가 되어야 한다.

(110)
$$\gamma_{\alpha\beta} = \mu\delta_{\alpha\beta} + \lambda x_\alpha x_\beta$$

f^2, μ, ν는 $r = \sqrt{x_1^2 + x_2^2 + x_3^2}$만의 함수이다. 우리의 좌표계는 전적으로 임의적이기 때문에, 이 세 함수들 가운데 하나는 임의적으로 택할 수 있다. 이는 아래와 같은 치환에 의해,

$$x'_4 = x_4$$
$$x'_\alpha = F(r) x_\alpha$$

세 함수들 가운데 하나는 언제라도 r'의 함수로 나타낼 수 있기 때문이다. 따라서 일반성을 잃지 않고 (110) 대신 다음

과 같이 쓸 수 있다.

(110a) $$\gamma_{\alpha\beta}=\delta_{\alpha\beta}+\lambda x_\alpha x_\beta$$

이렇게 하면 $g_{\mu\nu}$는 λ와 f의 두 양으로 나타내진다. 이것들을 (96)에 도입하면 r의 함수로 얻어지는데, 이를 위해 먼저 (109)와 (110a)로부터 $\Gamma_{\mu\nu}^o$을 계산하면 다음과 같다.

(110b)
$$\begin{cases} \Gamma_{\alpha\beta}^o=\dfrac{1}{2}\dfrac{x_o}{r}\cdot\dfrac{\lambda'x_\alpha x_\beta+2\lambda r\delta_{\alpha\beta}}{1+\lambda r^2}\ (\alpha,\ \beta,\ o=1,\ 2,\ 3) \\[4mm] \Gamma_{44}^4=\Gamma_{4\beta}^\alpha=\Gamma_{\alpha\beta}^4=0\ (\text{for}\ \alpha,\ \beta=1,\ 2,\ 3) \\[4mm] \Gamma_{4\alpha}^4=\dfrac{1}{2}f^{-2}\dfrac{\partial f^2}{\partial x_\alpha},\ \ \Gamma_{44}^\alpha=-\dfrac{1}{2}g^{\alpha\beta}\dfrac{\partial f^2}{\partial x_\beta} \end{cases}$$

이를 이용하면 중력장방정식으로부터 다음의 슈바르츠실트해 Schwarzschild's solution를 얻는다.

(109a) $$ds^2=\left(1-\dfrac{A}{r}\right)dl^2-\left[\dfrac{dr^2}{1-\dfrac{A}{r}}+r^2(\sin^2\theta d\varphi^2+d\theta^2)\right]$$

위의 식과 관련된 양들은 다음과 같다.

$$
(109b) \quad
\begin{cases}
x_4 = l \\[4pt]
x_1 = r \sin \theta \sin \varnothing \\[4pt]
x_2 = r \sin \theta \cos \varnothing \\[4pt]
x_3 = r \cos \theta \\[4pt]
A = \dfrac{\kappa M}{4\pi}
\end{cases}
$$

M은 태양의 질량이고 태양은 좌표계의 원점에 구대칭으로 놓여있다고 본다. (109a)의 해는 이 질량의 바깥에서만 성립하며 그곳에서 $T_{\mu\nu}$는 모두 0이다. 만일 행성이 $x_1\, x_2$평면에서 움직인다면 (109a)를 다음처럼 고쳐야 한다.

$$
(109c) \quad ds^2 = \left(1 - \frac{A}{r}\right) dl^2 - \frac{dr^2}{1 - \dfrac{A}{r}} - r^2 d\varphi^2
$$

행성 운동의 계산은 (90)에 따른다. (110b)의 첫 식과 (90)으로부터 우리는 첨자 1, 2, 3에 대해 다음 식을 얻을 수 있다.

$$
\frac{d}{ds}\left(x_\alpha \frac{dx_\beta}{ds} - x_\beta \frac{dx_\alpha}{ds}\right) = 0
$$

이것을 적분하고 결과를 극좌표로 나타내면 다음과 같다.

(111)
$$r^2 \frac{d\varphi}{ds} = 상수$$

$\mu = 4$의 경우는 (90)으로부터 다음이 얻어진다.

$$0 = \frac{d^2 l}{ds^2} + \frac{1}{f^2} \frac{\partial f^2}{\partial x_\alpha} \frac{dx_\alpha}{ds} \frac{dl}{ds} = \frac{d^2 l}{ds^2} + \frac{1}{f^2} \frac{df^2}{ds} \frac{dl}{ds}$$

여기에 f^2을 곱하고 적분하면 다음의 결과가 나온다.

(112)
$$f^2 \frac{dl}{ds} = 상수$$

(109c), (111), (112)로부터 s, r, l, φ라는 네 변수들 사이의 세 방정식이 나오며, 이를 이용하여 행성들의 운동을 고전역학에서와 마찬가지로 계산해낼 수 있다. 이로부터 얻어지는 가장 중요한 결론은 행성의 타원 공전궤도가 공전 방향과 같은 방향으로 영년회전을 한다는 것인데, 매 공전당 회전 각도는 다음과 같다.

(113)
$$\frac{24\pi^3 a^2}{(1-e^2)c^2 T^2}$$

a＝타원 궤도의 긴반지름(cm)

e＝이심률離心率

c＝진공 중의 광속. 3×10^{10}cm/s

T＝공전주기(초)

1859년 프랑스의 천문학자 위르뱅 르베리에Urbain Le Verrier, 1811~1877는 수성의 근일점이 이동하는 현상을 발견했지만, 그동안의 천문학 이론으로는 이를 만족스럽게 이해할 수 없었다. 그러나 위의 식은 이 현상을 정확히 설명해준다.

일반상대성이론을 이용하면 맥스웰의 전자기장이론도 아무런 어려움 없이 나타낼 수 있으며, 여기에는 (77), (81), (82)의 텐서식들이 쓰인다. 전자기의 4-퍼텐셜로 해석될 1차 텐서를 φ_μ라고 하면 전자기장텐서는 다음 식으로 정의된다.

(114)
$$\varphi_{\mu\nu} = \frac{\partial \varphi_\mu}{\partial x_\mu} - \frac{\partial \varphi_\nu}{\partial x_\mu}$$

그러면 맥스웰 방정식의 둘째 식은 이 텐서를 이용하여 다음과 같이 쓸 수 있다.

$$\frac{\partial \varphi_{\mu\nu}}{\partial x_\rho} + \frac{\partial \varphi_{\nu\rho}}{\partial x_\mu} + \frac{\partial \varphi_{\rho\mu}}{\partial x_\nu} = 0$$

한편 맥스웰 방정식의 첫째 식은 다음과 같은 텐서밀도의 식으로 쓰여지며,

(115)
$$\frac{\partial \mathfrak{J}^{\mu\nu}}{\partial x_\nu} = \mathfrak{J}^\mu$$

여기에 쓰인 양은 다음과 같다.

$$\mathfrak{J}^{\mu\nu} = \sqrt{-g}\, g^{\mu\sigma} g^{\nu\tau} \varphi_{\sigma\tau}$$

$$\mathfrak{J}^\mu = \sqrt{-g}\, \rho \frac{dx_\mu}{ds}$$

전자기장의 에너지텐서를 (96)의 우변에 넣으면 $\mathfrak{J}^\mu = 0$이라는 특수한 경우에 대해 (115)를 얻게 된다. 이는 (96)의 발산을 취한 귀결이다. 이론가들은 일반상대성이론으로 전기에 대한 이론을 포괄하는 게 임의적이고 불만족스럽다고 생각했다. 사실 이렇게 하더라도 우리는 전기를 띤 소립자를 구성하는 전하들의 평형을 제대로 이해하지 못한다. 따라서 중력장과 전자기장이 논리적으로 동떨어지지 않도록 하는

이론이 있다면 훨씬 나을 것이다.

이전의 바일 그리고 최근에는 칼루차가 이런 방향을 따라 독창적인 아이디어를 내놓았다. 하지만 나는 이것도 근본적인 문제의 참된 해답으로 안내하지는 못했다고 생각한다. 따라서 여기에서는 이를 다루지 않기로 한다. 대신 이른바 우주론문제cosmologic(al) problem라고 알려진 것에 대해 살펴보기로 한다. 그러지 않을 경우 어떤 의미에서 일반상대성이론에 대한 논의는 불만족스런 상태로 남을 것이기 때문이다.

(96)의 중력장방정식에 근거한 앞서의 논의는 우주가 전체적으로는 갈릴레오-유클리드 공간이지만, 부분적으로는 곳곳에 산재한 질량들에 의해 조금씩 왜곡된다는 생각을 토대로 했다. 이 생각은 천문학이 다루는 모든 공간 규모에 대해서는 확실히 타당성을 지닌다. 하지만 우주의 일부가 아무리 크더라도 여전히 유클리드공간과 비슷한 공간, 곧 준유클리드공간quasi-Euclidean space일지의 여부는 다른 문제이다.

이 문제는 지금껏 여러 번 채택했던 곡면이론의 예를 통해 명료하게 이해할 수 있다. 곡면의 어떤 부분이 실질적으로 평면처럼 보인다고 하자. 하지만 그렇다고 해서 곡면 전체가 평면이라는 보장은 없다. 예를 들어 전체적으로는 거대한 구일 수도 있다. 사실 일반상대성이론이 나오기 전부터 우주가 전체적으로는 유클리드공간이 아닐 수도 있다는 가능성이 기하학적 관점에서 많이 논의되어 왔다. 그런데 일반상대성 이론이 나오자 이 문제는 새로운 전기를 맞게 되었다. 이에 따르면 공간의 기하학적 형상은 물질과 무관하지 않으며 그 분포에 의존하기 때문이다.

만일 우주가 준유클리드공간이라면 중력은 물론 관성도 물질들이 주고받는 상호작용의 일종에 의존한다는 마흐의 생각은 완전한 오류가 된다. 이 경우 $g_{\mu\nu}$가 무한대에서는 좌표계에 대해 특수상대성이론에서와 마찬가지로 상수가 된다. 하지만 유한한 영역에서는 그곳에 분포한 질량들의 영향 때문에 좌표계에 대한 이 상수값은 조금 달라질 것이다. 다시 말해서 공간의 물리적 성질은 물질의 영향을 받기 때문에 완전히 독립적인 것은 아니지만, 거시적으로 보면 물질에 의한 영향은 아주 작다. 그러나 이와 같은 이중적 판단은 그 자체로도 만족스럽지 못하며, 다음에서 보듯 이에 대해서는 중요한 물리적 반론들이 있다.

우주가 무한하고 무한대에서는 유클리드공간이 된다는 생각은 상대성이론의 관점에서 보자면 복잡한 가설이다. 일반상대성이론의 관점에서 보면 이 가설은 20개의 독립적인 조건들이 내포된 4차의 리만텐서 R_{iklm}이 무한대에서 0이어야 하며, 그중 $R_{\mu\nu}$ 라는 10개의 곡률 성분들만 중력장법칙에 들어갈 것을 요구한다. 그러나 어떤 물리적 근거도 없이 이처럼 지나친 제한을 하는 것은 분명 불만족스런 가정이다.

그런데 다시 생각해보면 상대성이론은 관성이 물질의 상호작용에 의존한다는 마흐의 생각이 옳음을 뒷받침해주는 것도 같다. 곧 살펴보겠지만 우리의 방정식에 따르면, 매우 약할지라도 관성질량은 관성의 상대성이라는 뜻에서 확실히 서로 영향을 미치기 때문이다. 그렇다면 마흐의 생각에 따르면 무엇을 예상할 수 있을까?

1. 물체의 관성은 주위에 물질이 많을수록 증가한다.
2. 물체는 주위의 물질이 가속되면 가속력을 받으며, 이 힘의 방향은 가속의 방향과 같다.
3. 속이 빈 물체가 회전하면 내부에 방사원심장radial centrifugal field과 전향장Coriolis field이 생기며, 이 전향장 때문에 그 안에서 회전축에 수직인 방향으로 움직이는 물체의 경로는 회전 방향으로 휜다.

이제 우리는 마흐의 생각에 따를 경우 예상되는 위의 세 효과가 우리의 이론에 비춰보아도 실제로 존재한다는 것을 살펴보기로 한다. 다만 이 효과의 크기는 매우 작아서 실험적인 입증은 기대하기 어렵다. 이를 이론적으로 밝히기 위해서는 물질입자의 운동방정식 (90)으로 돌아가 (90a)를 도출하는 데에 쓰였던 어림법을 더 확장해야 한다.

우선 1차 어림만큼 작은 γ_{44}를 생각해보자. 에너지원리에 따르면 물체가 중력의 영향을 받아 움직일 경우, 그 속력의 제곱은 이와 같은 수준이다. 따라서 이 중력장을 만드는 질량의 속력은 물론 우리가 관찰하는 물질입자의 속력도 $\sqrt{\gamma_{44}}$의 어림만큼 작다고 보는 것이 논리적이다. 그러므로 우리는 (90)의 둘째 항에 나오는 성분들이 속도에 대해 1차라고 생각하고, 중력장방정식 (101)과 운동방정식 (90)으로부터 도출되는 식들에서 이 어림법을 사용한다. 한편 ds와 dl은 같다고 놓지 않고 고차의 어림에 따라 다음과 같이 놓는다.

$$ds = \sqrt{g_{44}}\, dl = \left(1 - \frac{\gamma_{44}}{2}\right) dl$$

그러면 먼저 (90)으로부터 다음 식을 얻을 수 있다.

(116) $\quad \dfrac{d}{dl}\left[\left(1 + \dfrac{\gamma_{44}}{2}\right)\dfrac{dx_\mu}{dl}\right] = -\Gamma^{\mu}_{\alpha\beta}\dfrac{dx_\alpha}{dl}\dfrac{dx_\beta}{dl}\left(1 + \dfrac{\gamma_{44}}{2}\right)$

여기에서의 어림 수준에 맞추어 (101)로부터 얻을 수 있는 결과는 다음과 같은데,

$$(117) \quad \begin{cases} -\gamma_{11} = -\gamma_{22} = -\gamma_{33} = \gamma_{44} = \dfrac{\kappa}{4\pi} \displaystyle\int \dfrac{\sigma dV_{\mathrm{o}}}{r} \\[3mm] \gamma_{4\alpha} = -\dfrac{i\kappa}{2\pi} \displaystyle\int \sigma \dfrac{\dfrac{dx_\alpha}{ds}}{r} dV_{\mathrm{o}} \\[3mm] \gamma_{\alpha\beta} = 0 \end{cases}$$

이 식의 첨자 α와 β는 공간좌표만 나타낸다.

(116) 우변의 $1 + \dfrac{\gamma_{44}}{2}$ 과 $-\Gamma_\mu^{\alpha\beta}$는 각각 1과 $\left[\begin{smallmatrix}\alpha\beta\\\mu\end{smallmatrix}\right]$로 대체할 수 있다. 이것 역시 어림 수준에 맞추어 다음과 같이 놓아야 한다는 것도 쉽게 알 수 있는데,

$$\begin{bmatrix} 44 \\ \mu \end{bmatrix} = -\frac{1}{2}\,\frac{\partial\gamma_{44}}{\partial x_\mu} + \frac{\partial\gamma_{\nu\mu}}{\partial x_4}$$

$$\begin{bmatrix} \alpha4 \\ \mu \end{bmatrix} = \frac{1}{2}\left(\frac{\partial\gamma_{4\mu}}{\partial x_\alpha} - \frac{\partial\gamma_{4\alpha}}{\partial x_\mu} \right)$$

$$\begin{bmatrix} \alpha\beta \\ \mu \end{bmatrix} = 0$$

이 식의 첨자 α와 β와 μ는 공간좌표를 나타낸다. 따라서 (116)로부터 얻는 결과를 보통의 벡터 표기법으로 쓰면 다음과 같다.

$$\frac{d}{dl}\left[(1+\bar{\sigma})v\right]=\text{grad }\bar{\sigma}+\frac{\partial \mathbf{A}}{\partial l}+\left[\text{ curl }\mathbf{A},\ v\right]$$

(118)
$$\bar{\sigma}=\frac{\kappa}{8\pi}\int\frac{\sigma dV_0}{r}$$

$$\mathbf{A}=\frac{\kappa}{2\pi}\int\frac{\sigma\dfrac{dx_\alpha}{dl}\,dV_0}{r}$$

운동방정식 (118)은 실질적으로 다음을 뜻한다.

1. 관성질량은 $1+\bar{\sigma}$에 비례한다. 따라서 어떤 질량이 시험 물체에 접근하면 증가한다.

2. 가속질량accelerated mass은 가속된 방향으로 시험 물체에 유도작용inductive action을 하는데, 이것은 $\frac{\partial \mathbf{A}}{\partial l}$로 나타낼 수 있다.

3. 속이 빈 물체가 회전할 때 그 안에서 회전축에 수직인 방향으로 움직이는 물질입자의 경로는 회전 방향과 같은 방향으로 휜다(전향장). 이 상황에서는 오스트리아의 물리학자 한스 티링Hans Thirring, 1888~1976이 이론적으로 이끌어낸 바와 같이* 앞서 이야기한 원심장도 작용한다.

이 효과들은 모두 κ가 너무 작아서 실험으로 검증하기가 거의 불가능하지만, 일반상대성이론에 따르면 분명히 존재한다. 우리는 이 효과들이 모든 관성 작용의 상대성에 대한 마흐의 생각을 강력히 지지한다는 점에 주목해야 한다. 이렇게 된다면 우리는 전체 관성, 곧 전체 $g_{\mu\nu}$장이 무한대에서의 경계조건에 의해서가 아니라, 온 우주의 물질에 의해 결정된다고 예상할 수 있다.

우주적 규모에서의 $g_{\mu\nu}$장에 대한 만족스런 관념을 얻는 데에는 별들의 상대속력이 광속에 비해 작다는 사실이 중요하다고 생각된다. 이로부터 적절한 좌표계를 택한다면 g_{44}는 전 우주에서 거의 상수라는 결론이 도출된다. 적어도 물질이 있는 부분에서는 그렇다. 이런 가정은 별들이 우주 전체에 걸쳐 분포해 있을 것이라고 본다면 더욱 자연스럽다. 그렇다면 g_{44}의 비상수성은 물질이 연속적으로 분포해 있지 않고 하나의 천체 또는 몇몇 천체들의 집단에 밀집되어 분포해 있는 경우에만 두드러질 것이다. 만일 우리가 우주 전체의 기하학적 형상에 대해 알아보기 위하여 이와 같은 물질 밀도와

◆ 원심장의 작용이 전향장의 존재와 뗄 수 없이 얽혀 있다는 점은 특수한 경우를 예로 들어 생각해보면 굳이 계산해보지 않더라도 이해할 수 있다. 관성계에 대해 일정한 속도로 회전하는 좌표계가 그런 예인데, 일반 불변식은 이런 경우에도 당연히 성립해야 한다.

$g_{\mu\nu}$장의 국소적 불균일성을 무시한다면, 물질의 실제 분포를 연속적인 분포로 대체하고 나아가 이 분포에 균일한 밀도 σ를 부여하는 것이 자연스러울 것이다. 우주를 이렇게 상상하면 그 안의 점들은 공간적 방향성을 모두 고려한다고 해도 동등할 것이다. 그러면 거시적으로 볼 때 우주 공간은 일정한 곡률을 가질 것이고, 따라서 x_4좌표를 감싸는 원통의 형상이 될 것이다.

이에 따르면 우주는 공간적으로 구나 타원체와 같이 유한하기 때문에, σ가 일정하다는 우리의 가정과 부합한다. 또한 이 경우 일반상대성이론의 관점에서 볼 때 특히 껄끄러웠던 무한대에서의 경계조건이 이보다 훨씬 자연스러운 닫힌 공간의 조건으로 대체된다는 점에서도 바람직하다.

이상의 내용에 따르면 다음과 같은 식을 도출할 수 있는데 여기에서의 첨자 μ와 ν는 1부터 3까지만 적용된다.

(119)
$$ds^2 = dx_4{}^2 - \gamma_{\mu\nu}\,dx_\mu dx_\nu$$

그러면 $\gamma_{\mu\nu}$는 일정한 양의 곡률을 가진 3차원 연속체에 부합하는 x_1, x_2, x_3의 함수가 된다. 이제 우리는 위의 가정이 중력장방정식을 충족할 수 있는지 점검해야 한다.

이를 점검하려면 먼저 일정한 곡률을 가진 3차원 다양체가 어떤 미분 조건을 충족하는지를 밝혀야 한다. 4차원 유클리드연속체에 내포된 구형의 3차원 다양체는 다음 식으로 표현된다.◆

$$x_1{}^2 + x_2{}^2 + x_3{}^2 + x_4{}^2 = a^2$$
$$dx_1{}^2 + dx_2{}^2 + dx_3{}^2 + dx_4{}^2 = ds^2$$

여기에서 x_4를 소거하면 다음 식을 얻게 된다.

$$ds^2 = dx_1{}^2 + dx_2{}^2 + dx_3{}^2 + \frac{(x_1 dx_1 + x_2 dx_2 + x_3 dx_3)^2}{a^2 - x_1{}^2 - x_2{}^2 - x_3{}^2}$$

x_ν 에 대한 3차 이상의 항들을 무시하면 좌표계의 원점 부근에서 다음과 같이 놓을 수 있다.

$$ds^2 = \left(\delta_{\mu\nu} + \frac{x_\mu x_\nu}{a^2} \right) dx_\mu dx_\nu$$

괄호 안의 양은 원점 주변 다양체의 $g_{\mu\nu}$이다. 원점에서 $g_{\mu\nu}$

◆ 공간의 4차원은 수학적 구성에만 도움을 줄 뿐 다른 의의는 없다.

의 1차 미분이 0이고 이에 따라 $\Gamma^{\sigma}_{\mu\nu}$도 그러하기 때문에, 이 다양체의 원점에서 (88)에 의해 $R_{\mu\nu}$의 값을 계산하는 일은 아주 간단하며 그 결과는 다음과 같다.

$$R_{\mu\nu}=-\frac{2}{a^2}\,\delta_{\mu\nu}=-\frac{2}{a^2}\,g_{\mu\nu}$$

$R_{\mu\nu}=-\frac{2}{a^2}\,g_{\mu\nu}$ 이라는 관계식은 일반적으로 불변이고 다양체의 모든 점들은 기하학적으로 동등하다. 그러므로 이 관계식은 모든 좌표계와 다양체의 모든 곳에서 성립한다. 그런데 4차원 연속체와의 혼동을 피하기 위해 앞으로 3차원 연속체를 가리키는 양들은 다음의 예처럼 그리스 문자를 이용하여 나타낸다.

(120) $$P_{\mu\nu}=-\frac{2}{a^2}\,\gamma_{\mu\nu}$$

이제 (96)의 중력장방정식을 우리의 특별한 경우에 적용해보자. (119)에서 4차원 다양체에 대해 다음을 얻는다.

(121) $$\begin{cases} R_{\mu\nu}=P_{\mu\nu} \text{ (첨자 1, 2, 3에 대해)} \\ R_{14}=R_{24}=R_{34}=R_{44}=0 \end{cases}$$

(96)의 우변에 대해서는 먼지구름처럼 분포하는 물질의 에너지텐서를 생각해야 하는데, 앞서의 논의에 따르면 정지한 경우에 대해서는 다음과 같이 써야 한다.

$$T^{\mu\nu} = o \frac{dx_\mu}{ds} \frac{dx_\nu}{ds}$$

그러나 이밖에도 압력 항을 덧붙여야 하는데, 이는 물리적으로 다음과 같이 만들 수 있다. 물질은 전기를 띤 입자들로 이루어져 있다. 맥스웰의 이론에 따를 경우 이것들이 만드는 전자기장은 특이성singularity으로부터 자유로울 수 없다. 따라서 현실과 부합하도록 하려면 맥스웰의 이론에는 없는 에너지 항을 도입해야 한다. 이렇게 하면 같은 종류의 전하들이 상호간의 반발력에도 불구하고 함께 뭉쳐서 단일한 입자를 만들 수 있다.

이런 생각을 지지하기 위해 푸앵카레는 입자들 안에 상호간의 전기적 반발력을 상쇄하는 압력이 존재한다고 가정했다. 하지만 이 압력이 입자들 밖에서 0이 된다는 보장은 없다. 그런데 비록 현상론적 처방이기는 하지만 여기에 압력 항을 덧붙이면 현실과 부합되도록 할 수 있다. 다만 이 경우의 압력은 유체역학적 압력과 구별해야 한다. 이는 단지 물질 내부의 역동적 관계를 에너지의 관점에서 나타내기 위한 수단일 뿐이기 때문이다. 아무튼 이에 따라 우리는 다음과 같이 쓸 수 있다.

(122)
$$T_{\mu\nu} = g_{\mu\alpha}\, g_{\nu\beta}\, o\, \frac{dx_\alpha}{ds}\, \frac{dx_\beta}{ds} - g_{\mu\nu} p$$

그리고 우리가 상정한 특별한 경우에 대해서는 다음과 같이 쓸 수 있다.

$$T_{\mu\nu} = \gamma_{\mu\nu} p \quad (\mu \text{와 } \nu \text{는 첨자 1, 2, 3에 대해})$$

$$T_{44} = o - p$$

$$T = -\gamma^{\mu\nu}\gamma_{\mu\nu} p + o - p = o - 4p$$

한편 (96)의 중력장방정식을 다음과 같이 쓸 수 있다는 점에 주목하면,

$$R_{\mu\nu} = -\kappa \left(T_{\mu\nu} - \frac{1}{2} g_{\mu\nu} T \right)$$

(96)으로부터 다음 식을 얻을 수 있다.

$$+ \frac{2}{a^2}\, \gamma_{\mu\nu} = \kappa \left(\frac{o}{2} - p \right) \gamma_{\mu\nu}$$

$$0 = -\kappa \left(\frac{\sigma}{2} + p \right)$$

그리고 이로부터 다음 식이 나온다.

(123)
$$\begin{cases} p = -\dfrac{\sigma}{2} \\[2ex] a = \sqrt{\dfrac{2}{\kappa\sigma}} \end{cases}$$

우주가 준유클리드공간이어서 곡률반경이 무한대에 이른다면 σ는 0이 된다. 하지만 우주가 준유클리드공간이라는 가정에 대한 세 번째 반론으로 이미 주장했다시피, 이는 우주에 있는 물질의 평균밀도가 0이라는 뜻이기 때문에 받아들이기가 곤란하다. 또한 우리의 가상적인 압력이 0이 된다는 점도 수긍하기 어려운데, 이 압력의 물리적 본질은 전자기장에 대한 우리의 지식이 한층 깊어진 뒤에야 비로소 이해될 수 있을 것이다. (123)의 두 번째 식에 따르면 우주의 반지름 a는 우주에 있는 물질 전체의 질량 M으로부터 다음 식에 의해 구해진다.

(2)
$$a = \frac{M\kappa}{4\pi^2}$$

기하학적 특성이 물리적 특성에 완전히 의존한다는 점은
이 식으로 분명히 드러난다.

이상의 논의를 토대로 우리는 우주가 무한히 열린 공간이
아니라, 유한한 닫힌 공간이라는 주장을 다음과 같이 제시할
수 있다.

1. 상대성이론의 관점에서는 우주가 준유클리드공간이라
   는 전제 아래 무한대에서의 경계조건을 가정하는 것보
   다 닫혀 있다고 가정하는 게 훨씬 단순하다.

2. 관성은 물체들의 상호작용에 의존한다는 마흐의 생각은
   상대성이론에 1차 어림으로 포함되어 있다. 상대성이론
   의 방정식에 따르면 관성은 최소한 부분적으로나마 물
   체들의 상호작용에 의존한다. 그런데 관성이 부분적으
   로만 물체들의 상호작용에 의존하고 나머지는 공간의
   독립적 성질에 의존한다는 가정은 불만족스럽다는 점에
   서 마흐의 생각이 옳을 가능성이 높다. 하지만 마흐의
   생각은 무한한 준유클리드공간이 아니라 닫혀 있는 유
   한한 우주에만 적용된다. 인식론적 관점에서 보자면, 우

주의 역학적 성질은 물질에 의해 완전히 결정된다고 보는 게 더 유리하다. 이는 오직 닫혀 있는 우주에서만 가능하다.

3. 무한한 우주는 우주에 있는 물질의 평균밀도가 0일 때만 가능하며, 논리적으로는 이런 가정도 가능하다. 그러나 이것이 0이 아니라고 보는 가정이 더 타당하다고 생각된다.

우주론문제

The
COSMOLOGICAL
PROBLEM

이 소책자의 첫째 판이 나온 이후 상대성이론의 발전에 진전이 있었다. 여기에서는 이에 대해 살펴보는데 그중 몇 가지는 짧게 짚고 넘어가도록 한다.

진전의 첫 걸음은 음의 중력퍼텐셜에 의한 빛 스펙트럼의 적색편이가 존재한다는 사실에 대한 확증이었다. 이는 이른바 왜성矮星, dwarf star의 발견으로 가능해졌다. 이런 별의 평균 밀도는 물의 밀도보다 1만 배가 넘으며, 한 예로는 시리우스의 희미한 동반성同伴星, companion star을 들 수 있다. 이 동반성의 질량과 반지름은 관측 자료를 통해 결정할 수 있고,◆ 여기에 상대성이론을 적용하면 예상되는 적색편이가 계산된다. 그 값은 태양의 약 20배 정도인데, 이는 오차범위 안에서 관측 결과와 일치함이 확인되었다.

진전의 두 번째 걸음은 중력에 끌리는 물체의 운동법칙에 관한 것으로 여기에서는 간략히 언급하도록 한다. 일반상대성이론을 처음 세울 때 이런 물체의 운동법칙은 중력장법칙과 독립된 근본 가정으로 도입되었다. 이는 중력에 끌리는 물체가 측지선을 따라 움직인다고 확언하는 (90)을 통해서도 잘 알 수 있다. 이 식은 갈릴레오의 관성법칙을 '순수한' 중력장이 있는 경우에 대해 고쳐 쓴 가상의 번역에 해당한다. 임의 크기의 물체에까지 적용 가능한 일반화된 이 운동법칙은 텅 빈 공간의 중력장방정식에서도 유도될 수 있다. 이와 같은 유도 과정에 따르면 이 운동법칙은 중력장이 물체를 나타내는 질점 이외에는 어느 곳에서도 특이점을 갖지 않는다는 조건 속에 암시되어 있다.

진전의 세 번째 걸음은 이른바 '우주론문제'에 대한 것이다. 이에 대해서는 자세히 살펴볼 필요가 있다. 그것은 근본적으로 중요한 문제이기도 하고, 또 이 문제에 대한 논의가

◆ 질량은 시리우스에 대한 영향을 분광학적 수단으로 관찰하고 뉴턴의 법칙에 따라 계산하여 얻는다. 반지름은 전체 밝기와 단위넓이당의 광도를 토대로 계산하는데, 이 자료들은 방출되는 빛의 온도를 통해 알 수 있다.

완결된 상태가 아니기 때문이다. 나아가 이 문제에 대한 현재의 논의가 중요한 핵심점을 충분히 부각시키고 있지 못하고 있기 때문에 보다 정확한 논의를 진행시킬 필요가 있다.

이 문제는 다음과 같이 규정할 수 있다. 항성들을 관측한 바에 따르면 항성계는 무한한 허공을 떠도는 섬이 아니다. 그리고 우주에 있는 모든 물질의 무게중심과 같은 것도 존재하지 않는다. 따라서 우주 전체를 두고 볼 때 물질의 평균밀도가 0이 아니라는 점에 대해서는 상당한 확신이 선다.

여기에서 다음과 같은 의문이 제기된다. 그렇다면 지금까지의 관측이 뒷받침하는 위의 가설이 일반상대성이론과 어울릴 수 있을까?

이를 밝히려면 먼저 문제를 더 명확히 규정해야 한다. 우선 우주의 크기를 거기에 담긴 물질의 평균밀도를 대략 (x_1, x_2, x_3, x_4) 의 연속함수로 볼 수 있을 만큼 충분히 크다고 하자. 그런 부분공간은 관성계(민코프스키공간)로 어림할 수 있으며 여기에 별들의 운동을 관련짓는다. 우리는 이 계를 물체들의 평균속력이 모든 방향에 대해 0이 되도록 배치할 수 있다. 그러면 여기에는 별들의 (임의적인) 개별적 운동만 남게 된다. 이는 마치 기체 속 분자들의 운동과 같다. 이때 필수적으로 별들의 속력이 광속에 비해 아주 느리다고 가정해야 한다. 그러면 별들의 상대적 운동은 잠정적으로 완전히 무시할 수 있으며, 이에 따라 별들의 집단을 상호간에 아무런 (임의적) 운동을 하지 않는 물질 먼지로 간주할 수 있다.

이렇게 하더라도 이 문제가 명확히 규정되었다고 하기에는 거리가 멀다. 따라서 가장 단순하고도 근본적인 다음의 조건을 생각해보아야 한다. 이 계에 대해 측정한 밀도는 ρ로서 4차원 공간 어디에서나 동일하며, 계측metric은 적절한 좌표계를 선택할 경우 x_4에 대해서는 무관하고 x_1, x_2, x_3에 대해서는 균일하고 등방적이다.

처음에 나는 이것이 물리적 공간을 가장 자연스럽고 이상적으로 나타내는 것이라고 생각했다. 이를 토대로 한 논의는 앞에서 다루었다. 그런데 이 경우 물리적 정당성이 전혀 없는 음압을 도입해야 한다는 점에 대한 비판이 제기되었다. 이에 대한 해결책으로 나는 중력장방정식에 음압 대신 새로운 항을 넣었으며, 이는 상대성이론의 관점에서 볼 때 허용될 수 있는 것이었다. 그리하여 중력장방정식은 다음과 같이 확장되었다.

(1) $$\left(R_{ik} - \frac{1}{2}g_{ik}R\right) + A_{gik} + \kappa T_{ik} = 0$$

여기의 λ는 물리상수의 하나로 우주상수라고 한다. 이렇게 둘째 항을 도입함으로써 이론은 복잡해졌고 논리적 단순성은 심각하게 훼손되었다. 그 당위성은 어쩔 수 없이 반영해야 하는 물질의 유한한 밀도에서 파생되는 난점을 어떻게든 처리해야 한다는 데에서 찾을 수밖에 없다. 하지만 여기에서 우리는 뉴턴의 이론에서도 같은 문제가 나타난다는 점을 주목할 필요가 있다.

러시아의 수학자 프리드만은 이 딜레마를 벗어날 길을 찾아냈는데,[*] 그의 결론은 우주가 팽창한다는 점을 밝힌 미국의 천문학자 허블의 연구에 의해 뒷받침되었다(허블의 연구는 머나먼 항성들의 스펙트럼이 적색편이를 나타낸다는 관측을 토대로 이루어졌다). 다음의 내용은 실질적으로 이에 대한 프리드만의 설명과 동일하다.

3차원에 대해 등방적인 4차원 공간

관측되는 항성계는 모든 방향에 대해 대략 같은 밀도로 분

---

[*] 그는 중력장방정식을 따를 경우 이를 굳이 임의로 확장하지 않더라도 3차원 전체 공간의 밀도가 유한한 값을 가질 수 있다는 점을 밝혔다. Zeitschr. f. Phys. 10 (1922) 참조.

포해 있다. 따라서 우리는 항성계의 공간적 등방성이 언제 어디에서나 주변의 물체에 대해 정지한 모든 관측자에게 성립할 것이라는 가정을 하기가 쉽다. 하지만 이제 더 이상 물질의 평균밀도가 주변의 물체에 대해 정지한 모든 관측자에게 시간과 상관없이 일정하다고 가정하지 않는다. 이에 따라 계측장의 관계식이 시간과 무관하다는 가정도 하지 않는다.

그러므로 우리는 공간적으로 보았을 때 '우주는 어디에서나 등방적'이라는 조건에 대한 수학적 표현을 찾아야 한다. 4차원 공간의 어느 점에서든 입자의 경로가 존재한다. 앞으로는 이를 간단히 측지선이라고 부를 것이다. 어떤 측지선에 무한히 가까이 있는 두 점 P와 Q를 생각해보자. 그러면 중력장방정식은 P와 Q를 고정시킨 좌표계의 모든 회전에 대해 불변이어야 하며, 이는 측지선의 모든 부분에 대해 성립해야 한다.◆

위의 불변성에 대한 조건은 측지선 전체가 회전축에 놓여야 하고, 그 점들은 좌표계의 회전에 대해 불변이어야 한다는 뜻을 나타낸다. 또한 이는 해가 측지선의 삼중 무한대를

◆ 이 조건은 계측을 제한할 뿐 아니라 모든 측지선에 대해 어떤 좌표계가 존재해야 한다는 점도 요구하는데, 이 좌표계에 대해서는 이 측지선을 축으로 하는 회전에서의 불변성이 성립한다.

상대성이란 무엇인가

돌아가는 좌표계의 모든 회전에 대해 불변이어야 한다는 뜻이기도 하다.

간략한 서술을 위해 이 문제의 해를 논리적으로 유도하지는 않을 것이다. 하지만 3차원 공간에서 직선의 이중 무한대를 돌아가는 회전에 대해 불변인 측지선의 경우 좌표계를 적절히 선택하면 본질적으로 구대칭이 된다는 점은 명백한 것 같다. 이때 회전축들은 방사상으로 뻗는 직선들이며, 대칭성에 비추어보면 바로 측지선들이 된다. 그러면 일정한 반지름을 가진 곡면들은 일정한 양의 곡률을 가진 곡면들이 되고, 이것들은 방사상으로 뻗는 측지선들에 대해 어디서나 수직이다. 그러므로 우리는 다음의 결론을 얻을 수 있다.

측지선들에 수직인 일련의 곡면들이 존재한다. 이 곡면들 각각은 일정한 곡률을 가진다. 이 곡면들 중 어느 두 곡면 사이에 놓인 측지선들의 길이는 모두 같다.

단, 이처럼 직관적으로 살펴본 경우, 곡면들이 일정한 음의 곡률을 갖거나 유클리드공간처럼 곡률이 0일 때에는 적용되지 않는다.

우리가 관심을 갖는 4차원의 경우는 이와 전적으로 비슷하다. 나아가 관성지표index of inertia가 1인 계측공간의 경우에도 본질적인 차이는 없다. 다만 이때 방사상으로 뻗는 방향을 시간성으로 잡으면 되고, 이에 따라 일련의 곡면들이 펼쳐지는 방향은 공간성이 된다. 그러면 각 점에서의 국소적인 빛원뿔의 축은 모두 방사상의 선이 된다.

좌표의 선택

우주의 공간적 등방성이 가장 분명히 드러나는 4차원좌표계 대신 여기에서는 물리적 해석의 관점에서 더 편리한 좌표계를 택하려고 한다.

그것은 x_1, x_2, x_3는 상수이고 x_4만 변수인 시간성 직선과 같이 중심을 지나면서 구대칭의 형태를 띠는 입자의 측지선이다. 이때 x_4를 중심으로부터의 계측거리metric distance라고 하면 이런 좌표계에서 계측은 다음과 같이 쓸 수 있다.

(2)
$$\begin{cases} ds^2 = dx_4^2 - d\sigma^2 \\ d\sigma^2 = \gamma_{ik}\, dx_i\, dx_k\ (i,\ k = 1,\ 2,\ 3) \end{cases}$$

위에서 $d\sigma^2$은 어떤 한 초구면 위의 계측이다. 그러면 서로 다른 초구면에 속하는 γ_{ik}들은 구대칭 관계 때문에 모든 초구면에서 같은 형태를 띠는데, 단지 x_4에만 의존하는 다음과 같은 양의 인자만 다르다.

(2a)
$$\gamma_{ik} = \underset{0}{\gamma}_{ik}\, G^2$$

위에서 $\underset{0}{\gamma}$는 x_1, x_2, x_3에만 의존하는 반면 G는 x_4만의 함수이다. 그러면 이로부터 다음 식을 얻을 수 있다.

(2b)
$$d\underset{0}{\sigma}^2 = \underset{0}{\gamma}_{ik}\, dx_i\, dx_k \quad (i,\, k = 1,\, 2,\, 3)$$

이것은 3차원 공간에서 일정한 곡률을 갖는 유한한 계측이고 모든 G에 대해 동일하다.

이런 계측은 다음 식에 의해 규정된다.

(2c)
$$\underset{0}{R}_{iklm} - B(\underset{0}{\gamma}_{il}\underset{0}{\gamma}_{km} - \underset{0}{\gamma}_{im}\underset{0}{\gamma}_{kl}) = 0$$

우리는 아래와 같이 선소가 유클리드공간과 동형이 되도록 $(x_1$, x_2, $x_3)$의 좌표계를 택할 수 있다.

(2d)
$$d\underset{0}{\sigma}^2 = A^2(dx_1{}^2 + dx_2{}^2 + dx_3{}^2)\, i.e.\, \underset{0}{\gamma}_{ik} = A^2 \delta_{ik}$$

A는 $r = x_1{}^2 + x_2{}^2 + x_3{}^2$로 주어지는 r에만 의존하는 양의 함수이다. 이것을 위의 식에 대입하면 A에 대한 다음의 두 식

이 나온다.

$$
(3)\quad
\begin{cases}
-\dfrac{1}{r}\left(\dfrac{A'}{Ar}\right)' + \left(\dfrac{A'}{Ar}\right)^2 = 0 \\[3mm]
-\dfrac{2A'}{Ar} - \left(\dfrac{A'}{A}\right)^2 - BA^2 = 0
\end{cases}
$$

다음의 식은 위의 식을 충족하는데, 상수들은 일단 임의적이라고 본다.

$$
(3a)\qquad A = \frac{c_1}{c_2 + c_3 \gamma^2}
$$

그러면 두 번째 식에서 다음 식을 얻게 된다.

$$
(3b)\qquad B = 4\,\frac{c_2 c_3}{c_1{}^2}
$$

상수 c에 대해서는 다음이 성립한다. 만일 $r = 0$이면 A는 양이며 c_1과 c_2의 부호는 같아야 한다. 세 상수의 부호를 모두 바꾸어도 A는 변하지 않기 때문에, 우리는 c_1과 c_2를 모두 양으로 할 수 있다. 나아가 우리는 c_2를 1로 놓을 수 있는데, G^2에는 언제라도 양의 인자를 결부시킬 수 있다. 그러면 일반성을 잃지 않고 c_1도 1로 놓을 수 있으며, 이에 따라 다음 식이 나온다.

(3c)
$$A = \frac{1}{1+cr^2} \; ; \; B = 4c$$

여기에는 세 경우가 있다.

$c > 0$: 구공간 spherical space

$c < 0$: 준구공간 pseudospherical space

$c = 0$: 유클리드공간 Euclidean space

$x'_1 = ax_i (a$는 상수)로 주어지는 동형변환 similarity transformation 에 따르면 첫째와 둘째 경우의 c는 각각 $\frac{1}{4}$과 $-\frac{1}{4}$이다.

그러므로 세 경우를 다시 써보면 다음과 같다.

(3d)
$$
\begin{cases}
A = \dfrac{1}{1+\dfrac{r^2}{4}} \; ; \; B = +1 \\[3mm]
A = \dfrac{1}{1-\dfrac{r^{2'}}{4}} \; ; \; B = -1 \\[3mm]
A = 1 \; ; \; B = 0
\end{cases}
$$

구의 경우 $G=1$인 단위공간의 "원주"는 $\displaystyle\int_{-\infty}^{\infty}\frac{dr}{1+\dfrac{r^2}{4}}=2\pi$ 이고, '반지름'은 1이다. 세 경우 모두에서 시간의 함수 G는 공간 부분에서 측정한 물체의 두 점 사이의 거리가 시간에 따라 변화하는 정도를 나타낸다. 구의 경우 G는 시간 x_4에서 공간의 반지름이다.

요약 이상화된 우주의 공간적 등방성 가설로부터 다음과 같은 계측이 나온다.

(2) $$ds^2 = dx_4{}^2 - G^2 A^2(dx_1{}^2 + dx_2{}^2 + dx_3{}^2)$$

G와 A는 각각 x_4와 A는 $r(=x_1{}^2+x_2{}^2 x_2{}^2+x_3{}^2)$에만 의존하며, A는 다음과 같은데,

(3) $$A = \frac{1}{1+\dfrac{z}{4}r^2}$$

$z=1$, $z=-1$, $z=0$에 따라 세 가지의 서로 다른 경우들로 나뉘어진다.

중력장방정식

이제 우리는 앞서 임시방편으로 도입했던 우주상수가 없는 중력장방정식을 충족해야 한다.

(4) $$\left(R_{ik} - \frac{1}{2}g_{ik}R\right) + \kappa T_{ik} = 0$$

공간의 등방성 가정을 토대로 얻은 계측의 식을 대입하여 계산을 하면 다음 식이 나온다.

$$R_{ik} - \frac{1}{2}g_{ik}R = \left(\frac{z}{G^2} + \frac{G'^2}{G^2} + 2\frac{G''}{G}\right)GA\delta_{ik} \quad (i, k = 1, 2, 3)$$

(4a) $$R_{44} - \frac{1}{2}g_{44}R = -3\left(\frac{z}{G^2} + \frac{G'^2}{G^2}\right)$$

$$R_{i4} - \frac{1}{2}g_{i4}R = 0 \quad (i = 1, 2, 3)$$

'먼지'에 대한 에너지텐서 T^{ik}는 다음과 같다.

(4b) $$T^{ik} = \rho \frac{dx_i}{ds} \frac{dx_k}{ds}$$

물질이 따라가는 측지선은 x_4만 변할 때 만들어지는 선이므로, 측지선에서는 $dx_4 = ds$이다. 따라서 다음의 성분만 0이 아니다.

(4c)
$$T^{44} = \rho$$

첨자를 내리면 T_{ik}의 0이 아닌 유일한 성분이 나온다.

(4d)
$$T_{44} = \rho$$

이를 고려하면 중력장방정식은 다음과 같다.

(5)
$$\frac{z}{G^2} + \frac{G'^2}{G^2} + 2\frac{G''}{G^2} = 0$$
$$\frac{z}{G^2} + \frac{G'^2}{G^2} - \frac{1}{3}\kappa\rho = 0$$

$\frac{z}{G^2}$은 x_4가 상수인 공간 부분의 곡률이다. G는 모든 경우에 두 물질입자 사이의 계측거리를 시간의 함수로 보여주는 상대적 척도이므로 $\frac{G'}{G}$는 허블팽창을 나타낸다. 중력장방정식의 해에 요구되는 대칭성이 존재한다면 A는 소거되며, 위의 첫 식에서 둘째 식을 빼면 다음 식이 나온다.

$$\frac{G''}{G} - \frac{1}{6}\kappa\rho = 0$$

(5a)

G와 ρ는 어디서나 양이어야 하므로 0이 아닌 ρ에 대해 G''은 어디서나 음이다. 따라서 $G(x_4)$는 최소값도 변곡점도 갖지 않으며, G가 상수인 해도 없다.

공간곡률이 0인 경우(z=0)

ρ가 0이 아닌 단순하고 특별한 경우는 $z=0$인 경우이다. 이때는 x_4가 상수인 부분이 휘어져 있지 않은데, $\frac{G'}{G}=h$로 놓으면 중력장방정식은 다음과 같다.

(5b)
$$\begin{cases} 2h' + 3h^2 = 0 \\ 3h^2 = \kappa\rho \end{cases}$$

두 번째 식은 허블팽창 h와 평균밀도 ρ의 관계인데, 대략적인 크기만 본다면 이는 100만 파섹parsec당 432km/sec라는 관측 결과와 어느 정도 일치한다(파섹은 천문학에서 사용하는 거리의 단위 가운데 하나로 1파섹은 3.26광년 또는 3.09×10^{13}km 정도이다-옮긴이). 허블팽창을 우리가 사용하는 단위, 곧 길이는 센티미터, 시간은 빛이 1센티미터 나아가는 데에 걸리는 시간을 단위로 삼아 나타내면 다음과 같다.

$$b = \frac{432 \times 10^5}{3.25 \times 10^6 \times 365 \times 24 \times 60 \times 60} \left(\frac{1}{3 \times 10^{10}}\right)^2 = 4.71 \times 10^{-28}$$

(105a)에 따르면 $k = 1.86 \times 10^{-27}$ 이므로 (5b)의 둘째 식에서 다음의 결과를 얻을 수 있다.

$$\rho = \frac{3b^2}{\kappa} = 3.5 \times 10^{-28}\, g/cm^3$$

이 값은 자릿수 비교에서 관측되는 별과 항성계의 질량 및 연주시차에 근거한 천문학자들의 추산과 대략 일치한다. 그 예로는 조지 맥비티George McVittie의 자료를 들 수 있는데 (*Proceedings of the Physical Society of London*, vol. 51, 1939, p. 537), 이에 따르면 "평균밀도는 분명 $10^{-27}g/cm^3$ 보다는 작으며, 좀더 정확하게는 $10^{-29}g/cm^3$ 정도"라고 판단된다.

이것을 정확히 측정하기란 매우 어렵기 때문에, 잠정적으로 이 정도면 만족스럽다고 볼 수 있다. 그런데 b는 ρ보다 더 정확히 측정할 수 있기 때문에, 관측 가능한 공간의 구조를 결정하는 일은 ρ의 좀더 정확한 측정에 달려있다고 해도 무리는 아닐 것이다. (5)의 두 번째 식에 따라 일반적인 경우의 공간곡률은 다음과 같이 주어진다.

(5c) $$zG^{-2} = \frac{1}{3} \kappa\rho - h^2$$

우변이 양이면 공간은 일정한 양의 곡률을 갖고 유한하다. 그 크기는 위의 차만큼 정확하게 결정될 수 있다. 반면에 우변이 음이면 공간은 무한하다. 하지만 현재로는 ρ가 충분히 정확하게 측정되지 않기 때문에, x_4가 상수인 공간의 평균곡률이 0이 아님을 결정하기에는 미흡하다.

공간곡률을 무시하면 (5c)의 첫 식은 x_4의 시작점을 적절히 택할 경우 다음과 같이 된다.

(6) $$h = \frac{2}{3} \times \frac{1}{x_4}$$

이 식은 $x_4 = 0$에서 특이점을 가진다. 따라서 공간은 수축되고 시간은 $x_4 = 0$에 의해 제한되거나 아니면 공간은 팽창하고 시간은 $x_4 = 0$에서부터 시작되는데, 후자의 경우가 현재 실제로 구현되고 있는 과정이다.

측정으로 얻은 h 값에 따르면 우주의 나이는 약 15억 살이다. 그런데 이 값은 우라늄의 붕괴를 이용하여 추산된 지각의 나이와 비슷하다. 이와 같은 역설적인 결과는 이 이론의 타당성을 의심하는 근거이기도 하다.

따라서 다음의 의문이 제기된다. 공간곡률을 실질적으로 무시할 수 있다고 보는 가정에서 유래하는 현재의 어려움이 적절한 공간곡률을 도입하면 해소될 수 있을까? G의 시간 의존을 결정하는 (5)의 첫 식이 여기에서 도움이 된다.

공간곡률이 0이 아닌 경우

x_4가 상수인 공간 부분의 공간곡률을 고려할 경우 다음 식이 성립한다.

(5)
$$zG^{-2} + \left(2\frac{G''}{G} + \left(\frac{G'}{G} \right)^2 \right) = 0$$

$$zG^{-2} + \left(\frac{G'}{G} \right)^2 - \frac{1}{3}\kappa\rho = 0$$

곡률은 $z=+1$이면 양이고, $z=-1$이면 음이다. 위의 첫 식은 적분이 가능한데, 먼저 다음과 같이 쓴다.

(5d)
$$z + 2GG'' + G'^2 = 0$$

$x_4 \, (= t)$ 를 G의 함수로 보면 다음과 같이 쓸 수 있다.

$$G' = \frac{1}{t'}, \ G'' = \left(\frac{1}{t'} \right)' \frac{1}{t'}$$

$u(G)$ 를 $\frac{1}{t'}$ 에 대해 쓰면 다음 식이 나오고,

(5e)
$$z + 2Guu' + u^2 = 0$$

이는 다음과 같다.

(5f)
$$z + (Gu^2)' = 0$$

간단한 적분을 하면 이로부터 다음 식이 나온다.

(5g)
$$zG + Gu^2 = G_0$$

그런데 $u = \dfrac{1}{\dfrac{dt}{dG}} = \dfrac{dG}{dt}$ 이므로 다음처럼 고쳐 쓸 수 있다.

(5h)
$$\left(\frac{dG}{dt} \right)^2 = \frac{G_0 - zG}{G}$$

위의 G_0는 상수이다. (5h)를 미분하고 (5a)로 인해 G''이 음이라는 점을 참고하면, 이 상수가 음이 될 수 없다는 것을 알 수 있다.

(a) 곡률이 양인 공간

G의 크기는 $0 \leq G \leq G_0$이며, 다음 그림 1과 같다.

반지름 G는 연속적으로 0부터 G_0까지 커졌다가 다시 0으로 줄어든다. 따라서 공간 부분은 유한한 구형이다.

(5c) $$\frac{1}{3} \kappa \rho - b^2 > 0$$

(b) 곡률이 음인 공간

$$\left(\frac{dG}{dt} \right)^2 = \frac{G_0 + G}{G}$$

G는 시간이 흐름에 따라 0에서 ∞까지 커지든지 거꾸로 ∞에서 0으로 줄어든다. 그러므로 다음 그림에서 보듯 $\frac{dG}{dt}$는 단조롭게 ∞에서 1로 변한다.

곧 이는 수축 없이 계속 팽창하는 경우이다. 따라서 공간

[그림 1]

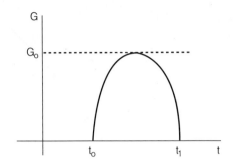

부분은 무한대이므로 다음 식을 얻는다.

(5c)
$$\frac{1}{3}\kappa\rho - b^2 < 0$$

앞 절에서 다룬 공간 부분이 평평한 경우는 이 두 경우의 중간이며 이에 대한 식은 다음과 같다.

(5h)
$$\left(\frac{dG}{dt}\right)^2 = \frac{G_0}{G}$$

참고 곡률이 음인 경우는 ρ가 0인 경우를 극한적인 경우로 포함하며, 이때는 $\left(\frac{dG}{dt}\right)^2 = 1$ 이다(그림 2). 계산에 따르면 곡률텐서가 0이므로 이는 유클리드공간의 경우이다.

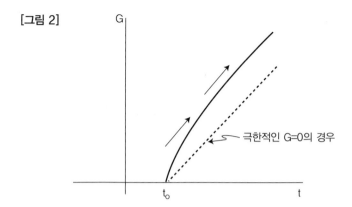

[그림 2]

극한적인 G=0의 경우

곡률이 음이지만 ρ가 0이 아닌 경우는 시간이 지남에 따라 이 극한적인 경우에 점점 더 가까워지므로, 공간의 구조가 그 안에 있는 물질에 의존하는 정도는 점점 더 줄어든다.

이처럼 곡률이 0이 아닌 경우에 대한 논의로부터 다음의 결론이 나온다. 곡률이 0인 경우와 마찬가지로 '공간' 곡률이 0이 아닌 모든 경우들은 $G=0$인 초기상태에서부터 팽창을 시작한다. 따라서 이 초기상태는 밀도가 무한대이고 중력장은 특이성이 된다. 이와 같은 새로운 특이성의 도입은 그 자체가 하나의 문젯거리다.◆

나아가 팽창이 시작된 뒤 $b = \dfrac{G'}{G}$로 감소하는 시점까지에 대해 공간곡률을 도입한 것의 영향은 무시할 수 있을 정도로 작은 것 같다. 이 시간 간격은 (5h)를 이용하면 쉽게 계산되지만 여기에서는 생략하기로 한다. 우리의 논의는 ρ가 0이고 공간이 팽창하는 경우로 한정하며, 앞서 보았듯 이는 공간곡률이 음인 특별한 경우이다. (5)의 두 번째 식에서 첫 항의 부호가 바뀐다는 점을 고려하면 다음 식이 나온다.

$$G'=1$$

따라서 x_4의 시작점을 적절히 택하면 다음과 같이 된다.

$$G=x_4$$

(6a) $$b=\frac{G'}{G}=\frac{1}{x_4}\cdots$$

이 극단적인 경우에서도 팽창의 지속 시간에 대해서, 인자만 10배 정도의 차이가 난다는 것을 제외하고는 공간곡률이 0인 경우와 같은 결과가 나온다((6)의 식).

♦ 하지만 다음 사실에 주목해야 한다: 현재로서 중력의 상대성이론은 "중력장"과 "물질"을 별개의 관념으로 다루며, 이 때문에 매우 높은 밀도의 물질에 대해서는 부적절한 것 같다. 장차 올바른 통일론이 나오면 이런 특이성은 나타나지 않을 듯싶다.

그러므로 (6)과 관련하여 앞서 언급했던 의문에 따르면, 오늘날 볼 수 있는 별과 항성계가 만들어지는 데에 걸린 시간이 놀랍도록 짧다는 문제점은 공간곡률의 도입으로 제거할 수 없다.

물질에 대한 중력장방정식의 일반화에 의한 논의의 확장

지금껏 얻은 모든 해에는 계측이 특이성이 되고($G=0$) 밀도 ρ는 무한대인 상태가 존재한다. 그런데 이 특이성은 물질을 수축에 대해 아무런 저항을 하지 않는 먼지와 같은 것으로 가정했다는 사실에서 유래하는 것이 아닐까? 다시 말해서 우리가 정당한 근거도 없이 각 별들의 임의적인 운동의 영향을 무시한 것은 아닐까?

예를 들어 각각의 입자들이 상대적으로 정지해 있다고 보는 이 먼지를 기체 속의 분자들과 같이 서로 임의적으로 움직이는 입자들로 바꾸어 생각해볼 수 있을 것이다. 그러면 물질은 단열수축할 때 이에 비례하는 저항력을 나타낼 것이다. 바로 이 저항력 때문에 무한한 수축이 억제되지 않을까? 앞으로 물질의 상태를 이처럼 바꾸더라도 위의 해가 보여주는 주요 특성은 전혀 변하지 않음을 살펴보도록 한다.

특수상대성에 의한 '입자기체'의 논의

질량이 m인 입자들이 무리를 지어 서로 평행하게 움직인다고 상상해보자. 그러면 적절한 변환에 의해 이 무리는 정지해 있다고 볼 수 있으며, 입자의 공간밀도 σ는 로렌츠적 의미에서 불변이다. 따라서 아래와 같이 주어지는 이 무리의 에너지텐서도 임의의 로렌츠계에 대해 불변이다.

(7) $$T^{\mu\nu} = m\sigma \frac{dx^{\mu}}{ds} \frac{dx^{\nu}}{ds}$$

만일 이런 무리가 많이 있다면 아래와 같이 모두 더해서 생각할 수 있다.

(7a) $$T^{\mu\nu} = m\sum_{p}\sigma_{p} \left(\frac{dx^{\mu}}{ds} \right)_{p} \left(\frac{dx^{\nu}}{ds} \right)_{p}$$

위의 식과 관련하여 우리는 로렌츠계의 시간축을 $T^{14} = T^{24} = T^{34} = 0$이 되도록 택할 수 있으며, 공간회전을 통해 $T^{12} = T^{23} = T^{31} = 0$이 되도록 할 수 있다. 나아가 이 입자기체가 등방성을 가진다고 보면 $T^{11} = T^{22} = T^{33} = p$이며, 이것은 $T^{44} = u$와 마찬가지로 불변이다. 따라서 아래와 같이 u와 p로 나타내지는 불변량을 얻을 수 있다.

(7b) $\qquad \mathfrak{J} = T^{uv}g_{uv} = T^{44} - (T^{11} + T^{22} + T^{33}) = u - 3p$

T^{uv}에 대한 식으로부터 T^{11}, T^{22}, T^{33}, T^{44}가 모두 양임을 알 수 있는데, 따라서 T_{11}, T_{22}, T_{33}, T_{44}도 마찬가지다.

그러면 중력장방정식은 다음과 같이 된다.

(8) $\qquad 1 + 2GG'' + G^2 + {}_\kappa T_{11} = 0$

$\qquad\qquad -3G^2(1 + G'^2) + {}_\kappa T_{44} = 0$

$T_{11} > 0$이므로 첫 번째 식에 따르면 주어진 G와 G'에 대해 T_{11} 항은 G''의 값을 감소시킬 뿐이다. 따라서 여기에서도 G''은 언제나 음이 된다.

이로부터 우리는 물질입자들이 서로 임의적인 운동을 하더라도 앞서 얻은 결론을 근본적으로 바꾸지 못한다는 것을 알 수 있다.

요약과 기타 참고 사항

(1) 중력장방정식에 우주상수를 도입하는 것은 상대성이론의 관점에서는 가능하지만, 논리적 경제의 관점에서는 거부되어야 한다. 프리드만이 처음 보였듯 두 질점 간 계측거

상대성이란 무엇인가

리의 시간에 따른 변화를 받아들이면 물질의 밀도가 모든 곳에서 유한하다는 것과 중력장방정식의 원래 형태를 결합하는 것도 가능하다.[◆]

(2) 우주의 공간적 등방성을 도입하는 것만으로도 프리드만의 식을 얻을 수 있다. 따라서 이는 의문의 여지없이 우주론문제를 해결할 수 있는 일반식이다.

(3) 공간곡률의 영향을 무시하면 평균밀도와 허블팽창 사이의 관계를 얻을 수 있는데, 적어도 자릿수 정도의 정확성은 관측을 통해 확인되었다.

나아가 팽창의 시작으로부터 현재에 이르는 시간은 몇 십억 년 정도로 계산된다. 하지만 이 값은 예상보다 짧아서 항성의 진화에 대한 이론과 부합하지 않는다.

(4) 위의 마지막 결과는 공간곡률을 도입해도 변하지 않으며, 별과 항성계가 서로 임의적 운동을 한다고 생각하더라도 마찬가지다.

(5) 허블이 발견한 스펙트럼 선들의 이동을 도플러효과 이외의 원인으로 설명하려는 사람들도 있다. 하지만 알려진 물

◆ 일반상대성이론을 만들 때 허블팽창이 이미 알려져 있었다면 우주상수는 결코 도입되지 않았을 것이다. 이제 와서 생각해보면 본래 이것을 도입한 유일한 이유는 이게 우주론문제에 대한 자연스런 해결책이 된다는 것이었지만 이는 이미 타당성을 상실했으므로 중력장방정식에 이런 항을 넣는 것의 타당성도 훨씬 줄어든 것 같다.

리학적 사실에서는 그런 설명에 대한 근거를 찾을 수 없다. 그들의 가설에 따르면 두 별 S_1과 S_2를 강체 막대로 연결할 수 있다. 만일 빛의 파장이 시간에 따라 변한다면 S_1에서 S_2로 보낸 단색성의 빛이 반사되어 다시 S_1으로 돌아오는 것을 S_1의 시계로 재면 그 진동수가 달라진다.

그런데 이는 국소적으로 측정된 광속이 시간에 의존한다는 뜻이며, 따라서 특수상대성이론과도 모순된다. 나아가 S_1과 S_2 사이를 왕복하는 빛은 일종의 시계로 볼 수 있지만, 이는 S_1에 있는 시계(예를 들어 어떤 원자시계)와 일정한 관계를 맺지 못한다. 다시 말해 이런 경우는 상대론적 의미의 계측이 존재하지 않는다는 것이다. 그리하여 상대론에서 도출되는 모든 관계는 의미를 잃게 되며, 선명한 스펙트럼 선이나 원자의 부피 등과 같은 원자론적 성질들은 '유사성similarity'이 아니라 '합동성congruence'에 의해 연관된다는 사실에도 부합하지 않게 된다.

그러나 위의 논의는 파동설에 입각한 것이며, 따라서 위의 가설을 지지하는 사람들 가운데는 빛의 팽창 과정을 파동설이 아니라 컴프턴 효과Compton effect와 유사하게 풀이하려는 사람들도 있을 것이다. 그런데 산란이 없는데도 컴프턴효과와 비슷하게 설명하려는 시도는 현재 우리가 가진 지식의 관점에서는 정당화될 수 없다. 또한 이는 진동수의 변화가 본래의 진동수와 무관하다는 점을 제대로 설명하지도 못한다. 따라서 허블의 발견은 항성계의 팽창 때문이라고 생각할 수밖에 없다.

(6) '세상의 기원(팽창의 시작)'이 겨우 10억 년쯤에 지나지 않는다는 가정에 대한 의심은 관측과 이론적 측면 모두에 그 뿌리를 두고 있다. 천문학자들은 분광학적으로 다른 유형의 별들이 균일한 발달 과정의 서로 다른 단계에 있는 것들이라고 보는 경향이 있는데, 이 발달 과정에는 10억 년보다 훨씬 긴 세월이 필요하다. 따라서 이런 이론은 실제로 상대성이론의 식들에서 도출된 결론들과 모순된다. 하지만 내가 보기에 별들의 '진화론'은 중력장방정식보다 약한 토대 위에 세워진 듯하다.

이론적인 의문은 팽창이 시작되는 시점에서 계측은 특이성을 갖고 밀도 ρ는 무한대라는 사실에 근거하고 있다. 하지만 이와 관련해서는 다음을 주목해야 한다. 현재의 상대성이론은 물리적 실체를 한편으로는 계측장(중력)으로, 다른 한편으로는 전자기장과 물질로 나누는 것에 근거하고 있다. 그러나 실제의 공간은 아마 단일한 성격을 지녔을 것이며, 따라서 현재의 이론은 극한적인 경우로서의 타당성만을 가질 것이다. 그렇다면 장과 물질의 밀도가 높을 경우 중력장방정식은 물론 여기에 들어가는 장변수들도 실질적인 의미를 잃을 수 있다. 그러므로 우리는 장과 물질의 밀도가 매우 높을 경우 중력장방정식이 타당하다고 가정하기 곤란하다. 이에 따라 '팽창의 시작'이 반드시 수학적인 특이성을 뜻한다고 결론짓기도 곤란하다. 다시 말해서 우리는 중력장방정식이 그런 영역에는 적용되지 않을 수 있다는 점을 받아들여야 한다.

그러나 이런 논의도 현재 존재하는 별과 항성계가 무엇인가로부터 발전해온 것이라는 관점에서 볼 때, 이와 같은 '세상의 기원'이 실제로 그 어떤 기원을 이룬다는 사실을 뒤엎지는 못한다. 그 기원에서는 현재의 별과 항성계가 아직 독립된 존재가 되지는 못했을 것이기 때문이다.

(7) 하지만 일반상대성이론이 요구하는 동적 공간의 관념을 지지하는 관측적 증거들도 있다. 우라늄은 새로 생성될 가능성이 없고 붕괴도 비교적 빠른데 왜 아직도 존재할까? 왜 공간은 밤하늘마저 타오를 정도로 강한 빛으로 채워지지 않았을까? 이런 오래된 의문들에 대해 정적 우주의 관념은 만족스러운 대답을 내놓지 못하는데, 이를 다루자면 너무 깊이 들어가게 된다.

(8) 이제껏 살펴본 바에 따르면 우리는 짧은 '나이'에도 불구하고 팽창하는 우주의 관념을 진지하게 숙고해야 할 것 같다. 그럴 경우 공간곡률이 양인지 음인지의 여부가 중요한 문제로 떠오르는데, 이에 대해서는 다음과 같은 점들을 참고할 필요가 있다.

관측적 측면에서 이 문제는 결국 $\frac{\kappa\rho}{3}-b^2$이 양인지(구의 경우) 음인지(준구의 경우)의 판단으로 귀결된다. 나는 이를 가장 중요하다고 생각하는데, 현재의 천문학적 자료로 판단하는 게 불가능하다고 보이지는 않는다. 허블팽창 b는 비교적 잘 알려져 있으므로, 나머지는 모두 ρ를 가능한 한 가장 정확하게 결정하는 데에 달려 있다.

알려진 자료에 따르면 우주는 구로 밝혀질 가능성이 크다(준구로 밝혀질 것이라고는 상상할 수 없다). 그런데 이는 ρ의 하한은 알아낼 수 있지만, 상한은 그럴 수 없다는 사실에 달려 있다. 천문학적으로 관찰되지 않는 (빛을 내지 않는) 물질들이 ρ의 값에 얼마나 기여하는지에 대한 합의를 도출하기가 아주 어려울 것이기 때문이다. 하지만 이에 대해 좀더 자세히 논의가 필요하다.

ρ의 하한 ρ_s는 빛을 내는 별들만 고려하면 구할 수 있다.

만일 $\rho_s > \dfrac{3b^2}{\kappa}$ 라면 구형 공간이 타당하다고 판단하겠지만, $\rho_s < \dfrac{3b^2}{\kappa}$ 라면 빛을 내지 않는 물질의 질량 ρ_d 의 몫을 예측해야 할 것이다. 또한 $\dfrac{\rho_d}{\rho_s}$ 의 하한도 밝혀내야 한다.

낱낱의 별들이 많이 모여 있고 정지해 있는 것으로 볼 수 있는 천문학적 대상으로서의 한 구상성단을 생각해보자. 그 시차parallax가 알려져 있다면 분광학적으로 측정할 수 있는 속력을 토대로 적당한 가정 아래 중력장의 세기를 결정할 수 있을 것이다. 이에 따라 그 원천이 되는 질량도 알아낼 수 있다. 그러면 이렇게 계산된 질량과 그 성단에서 빛을 내는 별들의 질량을 비교함으로써 대략적으로나마 이 성단의 중력장이 빛을 내는 별들만의 중력장을 얼마나 초과하는지가 밝혀진다. 이처럼 어떤 특정한 성단의 $\dfrac{\rho_d}{\rho_s}$ 는 이런 방법을 통해 추산할 수 있다.

빛을 내지 않는 별들은 평균적으로 빛을 내는 별들보다 작으므로 성단과의 상호작용에 의한 평균 속도도 더 크다. 따라서 빛을 내지 않는 별들은 성단에서 빛을 내는 별들보다 더 빨리 '증발'하며, 결국 작은 천체들은 성단의 안쪽보다 바깥쪽에 더 많이 있을 것이라고 예상된다. 그러므로 우리는 위의 성단에서 계산한 비율 $\left(\dfrac{\rho_d}{\rho_s}\right)_\kappa$ 로부터 우주 전체의 비율

$\dfrac{\rho_d}{\rho_s}$ 의 하한을 얻을 수 있다. 그리고 이를 토대로 우주 공간의 물질 전체에 대한 평균밀도의 하한은 다음과 같이 구할 수 있다.

$$\rho_s\left[1+\left(\frac{\rho d}{\rho_s}\right)_\kappa\right]$$

만일 이 값이 $\dfrac{3b^2}{\kappa}$ 보다 크면, 우주 공간은 구형이라고 결론지을 수 있다. 반면 ρ의 상한에 대해서는 특별히 합리적이라고 믿을 만한 판단법이 알려져 있지 않다.

(9) 여기에서 쓰인 의미에서의 우주의 나이는 단단한 지각에서 발견된 방사성 광물을 토대로 추산된 지구의 나이보다 분명히 많아야 한다. 방사성 광물을 이용한 연대 측정은 모든 면에서 믿을 만하기 때문에, 여기에서 제시된 우주론이 그 결과와 충돌한다면 받아들여질 수 없다. 하지만 나는 그런 경우에 대한 합리적인 해답은 알지 못한다.

The
MEANING
of
RELATIVITY

상대론적
비대칭장론

RELATIVISTIC
THEORY
of the
NON-SYMMETRIC
FIELD

이번 주제에 대한 강의를 시작하기에 앞서 나는 장방정식계systems of field equations의 '세기strength'에 대해 일반적으로 다루고자 한다. 이 논의는 자체적으로 매우 흥미로우며, 앞으로 우리가 다룰 이론과는 사뭇 다르다. 하지만 우리의 문제를 더 깊이 이해하기 위해 필수적이다.

장방정식계의 '적합성'과 '세기'

장변수들과 이에 대한 장방정식계가 주어져 있을 때 일반적으로 후자는 장을 완전히 결정하지 못한다. 그러므로 장방정식계의 해에 대해서는 어느 정도의 자유자료free data가 남게 된다. 장방정식계에 부합하는 자유자료가 적을수록 이 계는 더 '강하다.' 일반적으로 우리는 어떤 특정한 계를 택할특별한 이유가 없다면 약한 계보다 강한 계를 택하려고 할것이다. 따라서 이 '세기'에 대한 척도를 찾는 것이 우리의목표이다. 앞으로 보듯 이런 척도는 심지어 장변수들의 수와종류가 다르더라도 장방정식계들의 세기를 비교하도록 규정될 수 있다.

앞으로 이 논의에 관련된 개념과 방법들에 대한 예들을 간단한 것부터 복잡한 것의 순서로 살펴보기로 하겠다. 우리의논의는 4차원장에 국한되며, 이 예들을 살펴보는 과정에 맞추어 유관 개념들을 차례로 제시해보도록 한다.

첫 번째 예: 스칼라 파동방정식[◆]

$$\varphi_{,11} + \varphi_{,22} + \varphi_{,33} - \varphi_{,44} = 0$$

이 계는 하나의 장변수에 대한 하나의 미분방정식으로만

[◆] 이하의 논의에서 콤마(,)는 편미분을 나타낸다. 예를 들면 $\varphi_{,i} = \dfrac{\partial \varphi}{\partial x^i}$, $\varphi_{,11} = \dfrac{\partial^2 \varphi}{\partial x^i \partial x^i}$ 등이다.

이루어져 있다. 여기에서 φ가 미분가능하다고 전제하면 점 P 부근에서 테일러급수Taylor series로 전개할 수 있으며, 이에 따라 계수들이 완전히 알려질 경우 이 함수도 완전히 결정된다. 이때 n차 계수의 수, 곧 점 P에서 φ의 n차 도함수들의 수는 $\frac{4 \cdot 5 \cdots (n+3)}{1 \cdot 2 \cdots n}$ 이며 줄여서는 $\begin{pmatrix} 4 \\ n \end{pmatrix}$ 으로 쓴다.

만일 이 미분방정식에서 계수들 사이의 어떤 특별한 관계가 요구되지 않는다면, 우리는 이 계수들을 자유롭게 택할 수 있다. 그런데 이 미분방정식은 2차이므로 이 관계들은 $(n-2)$번 미분하면 얻어진다. 따라서 n차의 계수에 대해서는 $\begin{pmatrix} 4 \\ n-2 \end{pmatrix}$ 개의 조건이 나오며, 남는 자유로운 계수의 수는 다음과 같다.

(1)
$$z = \begin{pmatrix} 4 \\ n \end{pmatrix} - \begin{pmatrix} 4 \\ n-2 \end{pmatrix}$$

이 수는 어떤 n에 대해서나 양이다. 따라서 n보다 작은 모든 차수에 대한 자유계수가 고정되어 있다면, n차의 계수에 대한 조건은 이미 택한 계수들을 바꿀 필요 없이 언제나 충족될 수 있다.

비슷한 논리를 여러 개의 방정식으로 이루어진 계에 적용할 수 있다. 만일 n차 자유계수의 수가 0 이상이라면 그 방정식계는 '완전히 적합하다 absolutely compatible'고 한다. 이런 논의는 그런 방정식계에 국한하는데, 내가 알기로 물리학에서 쓰이는 것은 모두 이런 종류이다.

(1)을 다시 쓰면 다음과 같은데 여기에서 $z_1 = +6$ 이다.

$$\binom{4}{n-2} = \binom{4}{n} \frac{(n-1)n}{(n+2)\,(n+3)} = \binom{4}{n}\left(1 - \frac{z_1}{n} + \frac{z_2}{n^2} + \cdots\right)$$

만일 큰 값의 n 만 고려한다면 괄호 안의 $\frac{z_2}{n^2}$ 과 같은 항들은 무시할 수 있으며, (1)은 점근적으로 아래와 같아진다.

(1a) $$z \sim \binom{4}{n}\frac{z_1}{n} = \binom{4}{n}\frac{6}{n}$$

위의 z_1 은 '자유도계수 coefficient of freedom'라고 부르며 여기에서의 값은 6인데, 이 계수가 클수록 해당 방정식계는 약하다.

두 번째 예: 진공에 대한 맥스웰 방정식

$$\varphi^{is},_s = 0 \; ; \;\; \varphi_{ik,l} + \varphi_{kl,i} + \varphi_{li,k} = 0$$

φ^{ik} 는 아래의 텐서를 이용하여 반대칭텐서 φ_{ik} 의 공변첨자

를 올려서 얻는다.

$$\eta^{ik} = \begin{pmatrix} -1 & & & \\ & -1 & & \\ & & -1 & \\ & & & +1 \end{pmatrix}$$

이는 6개의 장변수로 이루어진 4+4개의 장방정식들인데, 이 8개의 식 가운데 2개의 항등식이 있다. 장방정식들의 좌변을 각각 G^i와 H_{ikl}로 놓으면 두 항등식은 다음과 같이 쓸 수 있다.

$$G^i{}_{,i}=0; \quad H_{ikl,m}-H_{klm,i}+H_{lmi,k}-H_{mik,l}=0$$

이 경우에 대한 우리의 논리는 다음과 같다.

6개의 장 성분에 대한 테일러전개에 따르면 n차 계수의 수는 다음과 같다.

$$6 \binom{4}{n}$$

이 n차 계수들이 충족해야 할 조건들은 8개의 1차 장방정식을 (n-1)번 미분하면 얻어진다. 따라서 이 조건들의 수는 다음과 같다.

$$8 \binom{4}{n-1}$$

하지만 8개의 방정식들 가운데 2차의 두 항등식이 있으므로 이 조건들은 서로 독립적이지 않다. 따라서 이것들을 $(n-2)$번 미분하면 조건식들 사이에 성립하는 대수적 항등식들이 장방정식들로부터 다음의 식으로 주어지는 수만큼 얻어진다.

$$2 \binom{4}{n-2}$$

그러므로 n차 자유계수들의 수는 다음과 같다.

$$z = 6 \binom{4}{n} - \left[8 \binom{4}{n-1} - 2 \binom{4}{n-2} \right]$$

z는 모든 n에 대해 양이며, 따라서 이 방정식계는 완전히 적합하다. 우변에서 $\binom{4}{n}$라는 인자를 꺼내고 큰 값의 n에 대해 앞서와 같이 전개하면 점근적으로 다음의 식을 얻

을 수 있다.

$$z = \binom{4}{n} \left[6 - 8\frac{n}{n+3} + 2\frac{(n-1)n}{(n+2)\,(n+3)} \right]$$

$$\sim \binom{4}{n} \left[6 - 8\left(1 - \frac{3}{n}\right) + 2\left(1 - \frac{6}{n}\right) \right]$$

$$\sim \binom{4}{n} \left[0 + \frac{12}{n} \right]$$

그러면 이로부터 $z_1=12$ 가 나온다. 이 결과는 이 방정식계가 장을 결정할 뿐 아니라 결정하는 정도도 함께 알려준다는 것을 밝히고 있다. 특히 이 경우는 $z_1=6$ 인 스칼라 파동방정식의 경우보다 장을 약하게 결정한다는 점을 보여준다. 한편 이 두 경우 모두 괄호 안의 상수항이 0이 되는데, 이는 문제의 계에서 4변수 함수들 모두가 자유롭지 못하다는 사실을 나타낸다.

세 번째 예: 진공에 대한 중력장방정식

이에 대해서는 다음과 같이 쓸 수 있다.

$$R_{ik}=0;\ \ g_{ik,l} - g_{sk}\ \Gamma^s_{il} - g_{is}\ \Gamma^s_{lk} = 0$$

R_{ik}는 Γ만 갖고 있으며 이것들에 대해 1차이다. 여기에서 우리는 g와 Γ를 독립된 장변수로 다룬다. 둘째 식은 Γ를 1차 미분의 양으로 다루는 게 편리하다는 점을 보여주며, 이는 다음과 같은 테일러전개에서 $\underset{0}{\Gamma}$은 1차, $\underset{1}{\Gamma_s}$은 2차 등으로 생각한다는 뜻이다.

$$\Gamma = \underset{0}{\Gamma} + \underset{1}{\Gamma_s} x^s + \underset{2}{\Gamma_{st}} x^s x^t + \cdots$$

따라서 R_{ik}는 2차로 보아야 한다. 이 방정식들 사이에는 4개의 비앙키항등식Bianchi identity이 존재하는데, 채택된 관습에 따르면 이는 3차로 생각해야 한다.

일반적인 불변방정식계의 경우 자유계수를 정확히 세는 데에 필수적인 새로운 상황이 나타난다. 이것은 단순한 좌표변환에 의해 얻어지는 장들은 동일한 장의 서로 다른 표현에 불과하다는 것을 가리킨다. 따라서 다음의 수만큼 주어지는 g_{ik}의 n차 계수들 가운데 일부만이 본질적으로 서로 다른 장들을 규정한다.

$$10 \binom{4}{n}$$

그러므로 장을 실제로 결정하는 전개계수들의 수는 줄어들게 된다. 이제 그 수를 계산해보자.

다음과 같이 주어지는 g_{ik}의 변환식에서 g_{ab}와 $g_{ik}{}^*$는 실제로는 같은 장을 나타낸다.

$$g_{ik}{}^* = \frac{\partial x^a}{\partial x^{i*}} \frac{\partial x^b}{\partial x^{k*}} g_{ab}$$

위의 식을 x^*에 대해 n번 미분하면 x^*에 대한 네 함수 x의 모든 $(n+1)$차 도함수들은 g^*를 전개하는 식의 n차 계수로 들어간다는 점을 알 수 있다. 다시 말해서 $4\begin{pmatrix}4\\n+1\end{pmatrix}$개의 수는 장을 결정하는 데에 아무런 역할을 하지 않는다. 따라서 그 일반불변성을 고려한다면, 어떤 일반적인 상대성이론이든 n차 계수들의 전체 수에서 $4\begin{pmatrix}4\\n+1\end{pmatrix}$개를 제외해야 한다. 이와 같이 n차의 자유계수를 헤아리면 다음의 결과를 얻는다.

미분을 하지 않은 10개의 g_{ik}와 1차 미분에서 나오는 40개의 Γ^l_{ik}에 대해 위에서 이야기한 수정을 거치면, n차 유관계수 relevant coefficient의 수는 다음과 같다.

$$10\begin{pmatrix}4\\n\end{pmatrix} + 40\begin{pmatrix}4\\n-1\end{pmatrix} - 4\begin{pmatrix}4\\n+1\end{pmatrix}$$

10개의 2차와 40개의 1차로 이루어진 장방정식은 다음에 보인 수만큼의 조건을 내놓는다.

$$N = 10 \begin{pmatrix} 4 \\ n-2 \end{pmatrix} + 40 \begin{pmatrix} 4 \\ n-1 \end{pmatrix}$$

하지만 이 수로부터 이 조건들 사이에서 성립하는 항등식들의 수(다음의 식 참조)를 빼야 하는데, 이것들은 3차의 비양키항등식들에서 나온다.

$$4 \begin{pmatrix} 4 \\ n-3 \end{pmatrix}$$

따라서 우리는 다음을 얻는다.

$$z = \left[10 \begin{pmatrix} 4 \\ n \end{pmatrix} + 40 \begin{pmatrix} 4 \\ n-1 \end{pmatrix} - 4 \begin{pmatrix} 4 \\ n+1 \end{pmatrix} \right]$$
$$- \left[10 \begin{pmatrix} 4 \\ n-2 \end{pmatrix} + 40 \begin{pmatrix} 4 \\ n-1 \end{pmatrix} \right] + 4 \begin{pmatrix} 4 \\ n-3 \end{pmatrix}$$

다시 $\begin{pmatrix} 4 \\ n \end{pmatrix}$을 괄호 밖으로 꺼내면 큰 n에 대해 다음의 점근식을 얻을 수 있다.

$$z \sim \begin{pmatrix} 4 \\ n \end{pmatrix} \left[0 + \frac{12}{n} \right] \text{ 따라서 } z_1 = 12$$

여기에서도 z는 모든 n에 대해 양이며, 따라서 앞서 제시한 정의에 의하면 이 계는 완전히 적합하다. 진공에 대한 중력장방정식이 전자기장에 대한 맥스웰 방정식만큼 중력장을 강하게 결정한다는 사실은 놀라운 일이라 하겠다.

상대론적 장론

일반 사항

일반상대성이론의 핵심적 성취는 관성계를 도입할 필요에서 물리학을 해방시켰다는 것이다. 관성계의 개념은 생각할 수 있는 모든 좌표계에서 특별한 근거 없이 일정한 좌표계를 선별한다는 점에서 탐탁지 않은 것이다. 하지만 우리는 일단 그런 관성계를 택한 다음, 관성의 법칙이나 광속일정원리 등의 물리학 법칙들이 그런 곳에서만 성립한다고 가정했다. 이렇게 함으로써 공간 자체는 물리학의 세계에서 물리적 묘사에 등장하는 다른 모든 요소들과 구별되는 역할을 부여받았다. 이에 따르면 공간은 모든 과정에서 결정적 역할을 하지만 다른 요소들로부터는 아무런 영향도 받지 않는다.

물론 이런 이론은 논리적으로는 가능하지만 다른 한편으

248

로는 자못 불만족스럽다. 뉴턴도 이 결함을 충분히 알고 있었으나, 당시의 물리학으로는 이것을 해결할 다른 길이 없다는 것 역시 명확히 이해하고 있었다. 그리하여 이후 많은 물리학자들이 이에 대해 숙고했는데, 그중 에른스트 마흐의 연구가 가장 돋보인다.

뉴턴 이래 이루어진 물리학의 근본적인 혁신들 가운데 무엇이 관성계의 난관을 극복하도록 했을까? 이에 대해서는 무엇보다 먼저 마이클 패러데이Michael Faraday, 1791~1867와 맥스웰이 펼친 전자기의 이론에 의해 도입된 장의 개념을 이야기해볼 수 있다. 좀더 명확히 말하자면 여기에서의 장은 그보다 더 깊은 연원으로 환원될 수 없는 가장 근본적인 개념이다. 오늘날 우리의 지식 범위에서 판단하자면 일반상대성이론도 장론의 일종인 것이다. 현실 세계가 상호간에 미치는 힘의 영향 아래 움직이는 질점들로 이루어져 있다는 관점을 고집했더라면, 이런 이론은 나타나지 못했을 것이다.

만일 누군가 뉴턴에게 관성질량과 중력질량이 등가원리에 의해 같다는 점을 설명하려 했다면 다음과 같은 반론에 부딪혔을 것이다. 가속계 안의 물체는 중력을 발휘하는 천체의 표면에서와 같은 가속을 느낄 것이다. 하지만 가속계의 경우에 가속을 일으키는 질량은 어디에 있는가? 따라서 상대성이론이 장의 개념을 독립적이라고 전제한다는 점은 명백하다.

일반상대성이론을 만드는 데에 필요한 수학적 지식은 가우스와 리만의 기하학적 연구에서 많은 도움을 받았다. 가우스는 3차원의 유클리드공간에 내포된 곡면의 계측성을 연구했다. 그는 그 연구에서 곡면의 계측성은 곡면이 들어 있는 공간과 상관없이 곡면 자체의 속성에 의해 표현될 수 있음을 밝혔다. 일반적으로 곡면에는 어떤 우선적인 좌표계가 없다. 그래서 이 연구는 유관한 양들을 처음으로 일반적인 좌표계에서 나타내도록 하는 계기가 되었다. 리만은 2차원 곡면에 대한 가우스의 연구를 임의 차원의 공간으로 확장했고(2차의 대칭텐서장으로 규정되는 리만계측Riemannian metric을 가진 공간), 이 경이로운 연구에서 그는 고차원 계측공간의 곡률에 대한 일반적인 표현을 찾아냈다.

이처럼 간략히 살펴본 수학적 이론들은 일반상대성이론을 정리하는 데에 필수적이었다. 처음에는 리만계측이 관성계의 난점을 벗어나 일반상대성이론을 수립하는 데에 근본 토대가 되는 개념이라고 생각되었다. 하지만 나중에 레비치비타가 지적했다시피 일반상대성이론에서 관성계의 난점을 피해가도록 하는 요소는 미소변위장infinitesimal displacement field Γ^l_{ik}임이 밝혀졌다. 계측을 규정하는 대칭텐서장 g_{ik}는 변위장을 결정한다는 점에서 관성계의 회피와 간접적으로만 관련되어 있으며, 이 점은 다음의 논의로 분명히 이해할 수 있다.

한 관성계에서 다른 관성계로의 이전은 특별한 종류의 일차변환을 통해 이루어진다. 만일 임의의 거리만큼 떨어진 두 점 P_1과 P_2에 각각 벡터 A^i와 A^i가 있고 대응하는 성분이 서로 같다면($A^i = A^i$), 이 관계는 허용되는 변환에서 보존된다. 그리고 아래의 변환식에서 계수 $\dfrac{\partial x^{i*}}{\partial x^a}$가 x^a에 무관하다면,

$$A^{i*} = \frac{\partial x^{i*}}{\partial x^a} A^a$$

벡터 성분들에 대한 이 변환식은 위치와 무관하다. 따라서 논의를 관성계에 국한하면 서로 다른 두 점 P_1과 P_2에 있는 벡터들의 성분이 같다는 것은 불변의 관계가 된다. 하지만 관성계의 관념을 버리고 좌표계의 임의적인 연속변환을 받아들인다면, $\dfrac{\partial x^{i*}}{\partial x^a}$는 x^a에 의존한다. 따라서 공간의 서로 다른 두 점에 자리잡은 두 벡터는 그 성분들이 불변성을 잃어버리기 때문에, 더 이상 직접 비교할 수 없게 된다. 이 때문에 일반적인 상대성이론에서는 주어진 텐서를 단순히 미분하여 새로운 텐서를 만들 수 없다. 또 불변인 식들의 수도 전체적으로 볼 때 훨씬 줄어든다.

이와 같은 결핍은 미소변위장을 도입하여 해소할 수 있는데, 이때 이 변위장은 무한히 근접한 점들에 있는 벡터들을 서로 비교할 수 있도록 함으로써 관성계를 대체한다. 이제 이 개념에서 출발하여 우리의 목적과 무관한 것들을 배제하면서 상대론적 장론에 대해 이야기해보도록 하자.

미소변위장 Γ

좌표가 x^l인 점 P에 있는 반변벡터 A^i에, P와 무한히 가까운 (x^l+dx^l)에 있는 벡터 $A^i+\delta A^i$를 다음의 겹1차식bilinear expression으로 연관지어보자.

(2) $$\delta A^i = -\Gamma_{sl}^i A^s dx^l$$

위의 Γ는 x의 함수이다. 한편 A가 벡터장이라면 (x^l+dx^l)에서의 성분 (A^i)는 A^i+dA^i와 같은데 여기에서 dA^i는 다음과 같이 주어진다.♦

$$dA^i = A^i_{,l}\,dx^l$$

♦ 앞서와 같이 콤마(,)는 보통의 미분 $\dfrac{\partial}{\partial x^l}$을 뜻한다.

이웃의 점 (x^l+dx^l)에서 이 두 벡터의 차는 그 자체가 일종의 벡터로서 다음과 같이 쓸 수 있는데, 이는 무한히 인접한 두 점의 벡터장 성분들을 연결해준다.

$$(A^i_{,l} + A^s \Gamma^i_{sl}) dx^l \equiv A^i_l \, dx^l$$

변위장은 지금까지 관성계에 의해 규정되었던 이 연결 관계를 구현함으로써 관성계를 대체한다. 위 괄호 안의 식은 텐서인데 줄여서 A^i_l로 나타낸다.

A^i_l의 텐서성에 의해 Γ의 변환법칙이 도출되는데, 다음 식으로부터 시작한다.

$$A^{i*}_k = \frac{\partial x^{i*}}{\partial x^i} \ \frac{\partial x^k}{\partial x^{k*}} A^i_k$$

양쪽 좌표계에서 같은 첨자를 썼지만 이는 대응하는 성분들을 가리키고자 하는 것은 아니다. 따라서 i는 x와 $x*$에서 모두 독립적으로 1부터 4까지 변한다. 처음에는 언뜻 혼란스러울지 모르지만, 익숙해지면 이 식을 훨씬 쉽게 이해할 수 있다. 다음으로 아래와 같이 치환한다.

$$A^i{}_k{}^* \rightarrow A^{i*}{}_{,k*} + A^{s*}\,\Gamma^i_{sk}{}^*$$

$$A^i{}_k \rightarrow A^i{}_{,k} + A^s\,\Gamma^i_{sk}$$

$$A^{i*} \rightarrow \frac{\partial x^{i*}}{\partial x^i}\,A^i,\quad \frac{\partial}{\partial x^{k*}} \rightarrow \frac{\partial x^k}{\partial x^{k*}} \cdot \frac{\partial}{\partial x^k}$$

그러고 나면 Γ^* 외에는 본래 좌표계의 장에 관련된 양들 및 이것들을 본래 좌표계의 x에 대해 미분한 것들만 포함하는 방정식이 나온다. 이 방정식을 Γ^*에 대해 풀면 다음과 같이 원하는 변환법칙이 나오는데,

(3) $\quad \Gamma^i_{kl}{}^* = \dfrac{\partial x^{i*}}{\partial x^i}\dfrac{\partial x^k}{\partial x^{k*}}\dfrac{\partial x^l}{\partial x^{l*}}\,\Gamma^i_{kl} - \dfrac{\partial^2 x^{i*}}{\partial x^s \partial x^i}\dfrac{\partial x^s}{\partial x^{k*}}\dfrac{\partial x^l}{\partial x^{l*}}$

우변의 둘째 항은 아래처럼 간단히 쓸 수 있다.

(3a) $\quad -\dfrac{\partial^2 x^{i*}}{\partial x^s \partial x^l}\dfrac{\partial x^s}{\partial x^{k*}}\dfrac{\partial x^l}{\partial x^{l*}}$

$\quad = \dfrac{\partial}{\partial x^{l*}}\left(\dfrac{\partial x^{i*}}{\partial x^s}\right)\dfrac{\partial x^s}{\partial x^{k*}}$

$\quad = -\dfrac{\partial}{\partial x^{l*}}\left(\dfrac{\partial x^{i*}}{\partial x^{k*}}\right) + \dfrac{\partial x^{i*}}{\partial x^s}\dfrac{\partial^2 x^s}{\partial x^{k*}\partial x^{l*}}$

$\quad = \dfrac{\partial x^{i*}}{\partial x^s}\dfrac{\partial^2 x^s}{\partial x^{k*}\partial x^{l*}}$

이와 같은 양을 준텐서pseudotensor라고 부른다. 그 이유는 1 차변환의 경우에는 텐서처럼 변환되지만, 1차변환이 아닌 경우에는 변환될 식은 갖지 않으면서 변환계수에만 의존하는 성분이 덧붙여지기 때문이다.

변위장에 대한 참고 사항

1. 아래첨자를 바꾸어 얻은 $\tilde{\Gamma}^i_{kl}(\equiv \Gamma^i_{lk})$도 (3)에 따라 변환되며, 따라서 이것도 변위장이다.

2. 아래첨자 k^*와 l^*에 대해 (3)을 대칭화 및 반대칭화하면 다음의 두 식이 나온다.

$$\Gamma^{i\,*}_{\underline{kl}}\left(=\frac{1}{2}\left(\Gamma^{i\,*}_{kl}+\Gamma^{i\,*}_{lk}\right)\right)$$

$$=\frac{\partial x^{i*}}{\partial x^i}\,\frac{\partial x^k}{\partial x^{k*}}\,\frac{\partial x^l}{\partial x^{l*}}\,\Gamma^i_{\underline{kl}}-\frac{\partial^2 x^{i*}}{\partial x^s \partial x^t}\,\frac{\partial x^s}{\partial x^k}\,\frac{\partial x^t}{\partial x^{l*}}$$

$$\Gamma^{i\,*}_{\underset{\vee}{kl}}\left(=\frac{1}{2}\left(\Gamma^{i\,*}_{kl}-\Gamma^{i\,*}_{lk}\right)\right)=\frac{\partial x^{i*}}{\partial x^i}\,\frac{\partial x^k}{\partial x^{k*}}\,\frac{\partial x^l}{\partial x^{l*}}\,\Gamma^i_{\underset{\vee}{kl}}$$

따라서 Γ^i_{kl}의 두 성분(대칭과 반대칭)은 서로 섞이지 않고 독립적으로 변환되기 때문에, 변환법칙의 관점에서 보면 독립적인 양과 같다. 두 번째 식에 따르면 $\Gamma^i_{\underset{\vee}{kl}}$도 텐서와 같이 변환된다. 그러므로 변환군transformation group의 관점에서 보면 이 두 성분을 덧셈으로 결합하여 하나의 양으로 만드는 게 처음에는 부자연스럽게 생각될 수도 있다.

3. 한편 Γ의 아래첨자들은 (2)의 정의에서 사뭇 다른 역할을 한다. 따라서 Γ를 아래첨자에 대한 대칭 조건으로 제한하는 데에는 타당한 이유가 없다. 하지만 그럼에도 불구하고 그렇게 한다면 우리는 순수한 중력장의 이론을 얻게 된다. 반면 Γ를 이 대칭 조건으로 제한하지 않는다면 일반화된 중력장 법칙을 얻게 된다. 내 생각에는 이것이 자연스러운 결론인 것 같다.

곡률텐서

Γ장 자체는 텐서성이 없지만 다른 텐서의 존재를 암시한다. 이것을 가장 쉽게 얻는 방법은 벡터 A^i를 (2)에 따라 무한히 작은 2차원 면소의 둘레를 한 바퀴 돌았을 때의 변화를 계산하는 것이다. 그리고 이 변화는 벡터성을 가진다.

면소의 둘레에 고정된 한 점과 다른 한 점을 각각 x^i_0 와 x^i 라고 하자. 그러면 $\xi = x^i - x^i_0$는 둘레의 모든 점들에 대해 작으므로 크기에 대한 정의의 토대로 쓸 수 있다.

그러면 계산해야 할 적분 $\oint \delta A^i$은 다음과 같이 더 명확하게 표기할 수 있다.

$$-\oint \underline{\Gamma_{st}^{i}} \, \underline{A^{s}} \, dx^{t} \quad \text{또는} \quad -\oint \underline{\Gamma_{st}^{i}} \, \underline{A^{s}} \, d\underline{\xi}^{t}$$

적분 대상들에 기입된 밑줄은 이것들이 둘레에 잇달아 놓여 있는 점들에 대해 취해져야 한다는 뜻을 나타낸다($\xi^{t}=0$ 인 첫 점에 대해서는 하지 않는다).

먼저 둘레에 있는 임의의 점 ξ^{t}에 대한 $\underline{A^{i}}$의 값을 최저의 어림으로 계산해보자. 이 최저 어림은 이제 열린 경로로 확장된 적분에 들어있는 $\underline{\Gamma_{st}^{i}}$와 $\underline{A^{s}}$의 값을 적분의 첫 점($\xi^{t}=0$) 에서의 값인 Γ_{st}^{i}와 A^{s}의 값으로 치환하면 얻어진다. 그러면 $\underline{A^{i}}$에 대한 적분은 다음과 같이 된다.

$$\underline{A^{i}} = A^{i} - \Gamma_{st}^{i} \, A^{s} \int d\xi^{t} = A^{i} - \Gamma_{st}^{i} \, A^{s} \, d\xi^{t}$$

여기에서 무시된 것은 ξ에 대한 2차 이상의 항들이다. 마찬가지로 어림하면 다음 식도 바로 얻어진다.

$$\underline{\Gamma_{st}^{i}} = \Gamma_{st}^{i} + \Gamma_{st,r}^{i} \xi^{r}$$

적절한 총합 첨자를 선택하여 이 식들을 위의 적분에 넣으면 아래의 식이 나온다.

$$-\oint(\Gamma_{st}^i+\Gamma_{st,\,q}^i\xi^q)\ (A^s-\Gamma_{pq}^s A^p\xi^q)d\xi^t$$

여기에서 ξ를 제외한 다른 모든 양들은 적분의 첫 점에서 계산해야 한다. 그러면 다음 식이 나오는데

$$-\Gamma_{st}^i A^s\oint d\xi^t-\Gamma_{st,q}^i A^s\oint\xi^t+\Gamma_{st}^i\Gamma_{pq}^s A^p\oint\xi^q d\xi^t$$

이 적분들은 닫힌 둘레를 따라 계산하며(첫 항은 적분이 0이 되므로 따라서 0이 된다), $(\xi)^2$에 비례하는 항은 고차의 항이므로 무시한다. 그러면 다른 두 항은 다음과 같이 결합할 수 있다.

$$[-\Gamma_{pt,q}^i+\Gamma_{st}^i\,\Gamma_{pq}^s]A^p\oint\xi^q d\xi^t$$

이것은 벡터 A^i를 둘레를 따라 이동했을 때 나오는 변화 ΔA^i이다. 한편 위 식의 적분은 다음과 같다.

$$\oint\xi^q d\xi^t=\oint d(\xi^q\xi^t)-\oint\xi^t d\xi^q=-\oint\xi^t d\xi^q$$

따라서 이 적분은 t와 q에 대해 반대칭이고 텐서성을 갖는

데, 이를 f^{iq}로 나타내자. 만일 f^{iq}가 임의의 텐서라면 ΔA^i의 벡터성은 위 (*)의 괄호 안에 있는 양도 텐서임을 뜻한다. 하지만 이 양은 t와 q에 대해 반대칭이어야만 텐서가 되며, 이것이 바로 아래의 곡률텐서curvature tensor이다.

(4) $$R^i_{klm} \equiv \Gamma^i_{kl,m} - \Gamma^i_{km,l} - \Gamma^i_{sl} - \Gamma^s_{km} + \Gamma^i_{sm} \Gamma^s_{kl}$$

이에 따라 첨자들의 위치는 모두 고정되는데, i와 m에 대해 축약하면 다음과 같은 축약곡률텐서가 나온다.

(4a) $$R_{ik} \equiv \Gamma^s_{ik,s} - \Gamma^s_{is,k} - \Gamma^s_{it} \Gamma^t_{sk} + \Gamma^s_{ik} \Gamma^t_{st}$$

람다변환

곡률은 이어지는 논의에서 중요한 성질을 갖고 있다. 변위장 Γ에 대해 새로운 Γ^*를 다음과 같은 람다변환λ-transformation에 따라 정의하자.

(5) $$\Gamma^l_{ik}{}^* = \Gamma^l_{ik} + \delta^l_i \lambda_{,k}$$

λ는 좌표에 대한 임의의 함수이며 δ_i^l은 크로네커텐서 Kronecker tensor이다. Γ^*를 (5)의 우변으로 치환하여 $R^i_{klm}(\Gamma^*)$를 만들면 Γ^*가 소거되어 다음 식이 나온다.

(6)
$$\begin{cases} R^i_{klm}(\Gamma^*) = R^i_{klm}(\Gamma) \\ R_{ik}(\Gamma^*) \ = R_{ik}(\Gamma) \end{cases}$$

곡률은 람다변환에 대해 불변, 곧 람다불변λ-invariance이다. 따라서 곡률텐서에 Γ만 가진 이론은 Γ장을 완전히 결정할 수 없고 λ가 임의적으로 남아 있는 상태까지밖에 결정하지 못한다. 이런 이론에서 Γ와 Γ^*는 같은 장을 표현하는 것으로 생각해야 하는데, 이는 Γ^*가 단순한 좌표변환을 통해 Γ로부터 얻어지는 것과 같다.

좌표변환과 달리 람다변환에서는 i와 k에 대해 대칭인 Γ로부터 비대칭인 Γ^*가 나온다는 점에 주목할 필요가 있다. 이런 이론에서 Γ에 대한 대칭 조건은 객관적 의의를 잃는다.

나중에 보듯 람다불변의 주된 의의는 장방정식계의 '세기'에 영향을 미친다는 점에 있다.

'전치불변'의 필요성

비대칭장의 도입은 다음과 같은 어려움을 만들어낸다. Γ^l_{ik}이 변위장이라면 $\tilde{\Gamma}^l_{ik}(=\Gamma^l_{ki})$도 변위장이고, g_{ik}가 텐서라면 $\tilde{g}_{ik}(=g_{ki})$도 텐서이다. 그 결과 수많은 불변 형태들이 나타나 상대성원리만으로는 적절한 선택을 할 수 없게 된다. 이제 이 어려움의 예를 살펴보고, 해결책을 이야기해보도록 하자.

대칭장의 이론에서 다음 텐서는 중요한 역할을 한다.

$$(W_{ikl}\equiv)g_{ik,l}-g_{sk}\Gamma^s_{il}-g_{is}\Gamma^s_{lk}$$

이것을 0으로 놓으면 Γ를 g로 표현하는 식이 나오는데, 이는 곧 Γ를 소거할 수 있다는 뜻이다. (1) 앞서 증명했다시피 $A^i_{,t}\equiv A^i_{,t}+A^s\,\Gamma^i_{st}$가 텐서라는 사실과 (2) 임의의 반변텐서는 $\sum_t A^i_{(t)}B^k_{(t)}$의 형태로 쓸 수 있다는 사실에서 출발하면, g와 Γ가 대칭이 아니더라도 위의 식이 텐서성을 가진다는 점을 증명할 수 있다.

하지만 후자의 경우 마지막 항 Γ^s_{lk}을 전치하면, 곧 Γ^s_{kl}로 바꾸면 텐서성을 잃지 않게 된다. 이는 $g_{is}(\Gamma^s_{kl}-\Gamma^s_{lk})$가 텐서라는 사실에서 유래한다. 이밖에도 단순하지는 않지만 텐서성을 유지하면서 위 표현을 비대칭장에까지 확장한 것으로 볼 수 있는 다른 형태도 있다. 그러므로 위의 식을 0으로 놓고 얻은 g와 Γ 사이의 관계를 비대칭장에까지 확장하고자 할 경우, 임의의 선택이 개입드는 것 같다.

그러나 위의 형태에는 다른 형태들과 구별되는 특성이 있다. 이것은 g_{ik}와 $\tilde{g}_{ik}$ 그리고 Γ^l_{ik}와 $\tilde{\Gamma}^l_{ik}$를 동시에 바꾸고, 이어서 첨자 i와 k도 서로 바꾸면 그 자신으로 변환된다. 다시 말해서 i와 k에 대해 '전치대칭transposition symmetric'이며, 이렇게 얻은 식을 넣고 0으로 놓은 식은 '전치불변transposition invariant'이다. 만일 g와 Γ가 대칭이면 이 조건도 충족되는데, 이는 바로 장에 관련된 양들이 대칭일 조건의 일반화이다.

우리는 비대칭장의 장방정식이 전치불변이라고 가정한다. 물리학적으로 말하자면 나는 이 가정이 양전기와 음전기가 물리학의 법칙에 대칭적으로 들어가야 한다는 조건에 대응한다고 생각한다.

(4a)를 잠깐 살펴보면 R_{ik}는 전치에 의해 아래와 같이 변환되므로 완전한 전치대칭은 아니다.

(4b) $$(R_{ik}^* =)\ \Gamma^s_{ik,s} - \Gamma^s_{sk,i} - \Gamma^s_{it}\Gamma^t_{sk} + \Gamma^s_{ik} + \Gamma^t_{ts}$$

이것이 바로 전치불변의 장방정식을 세우려는 탐구에서

마주치는 어려움의 근원이다.

준텐서 U_{ik}^l

그런데 Γ_{ik}^l 대신 이와 조금 다른 준텐서 U_{ik}^l를 도입하면, R_{ik}로부터 전치대칭인 텐서를 얻을 수 있다. (4a)에서 Γ에 대해 1차인 두 항은 하나로 결합할 수 있으므로 $\Gamma_{ik,s}^s - \Gamma_{is,k}^s$ 를 $(\Gamma_{ik}^s - \Gamma_{it}^t \delta_k^s)_{,s}$로 치환하고 다음 식에 따라 새로운 준텐서 U_{ik}^l를 정의한다.

(7)
$$U_{ik}^l \equiv \Gamma_{ik}^l - \Gamma_{it}^t \delta_k^l$$
$$U_{it}^t \equiv -3\,\Gamma_{it}^t$$

(7)에서 k와 l에 대해 축약하면 다음 식을 얻을 수 있다.

(7a)
$$\Gamma_{ik}^l \equiv U_{ik}^l - \frac{1}{3}\,U_{it}^t \delta_k^l$$

다음과 같이 Γ를 U의 식으로 나타낼 수 있다.

이것을 (4a)에 넣으면 축약곡률텐서가 아래와 같이 U의 식으로 나타내진다.

(8) $$S_{ik} \equiv U^s_{ik,s} - U^s_{it}U^t_{sk} + \frac{1}{3}U^s_{is}U^t_{tk}$$

이 식은 전치대칭이며, 준텐서 U가 비대칭장론에서 매우 중요한 까닭이 바로 이 때문이다.

U의 람다변환 (5)에서 λA를 U로 치환하면 간단한 계산을 통해 다음의 식을 얻을 수 있으며, U의 람다변환은 이에 의해 정의된다.

(9) $$U^{l*}_{ik} = U^l_{ik} + (\delta^l_i \lambda_{,k} - \delta^l_k \lambda_{,i})$$

(8)은 이 변환에 대해 불변이어서 $S_{ik}(U^*) = S_{ik}(U)$ 이다.

U의 변환법칙 (7a)의 도움을 받아 (3)과 (3a)에서 Γ를 U로 치환하면 다음 식을 얻는다.

(10) $$U^{l*}_{ik} = \frac{\partial u^{l*}}{\partial x^l}\frac{\partial u^i}{\partial x^{i*}}\frac{\partial u^k}{\partial x^{k*}}U^l_{ik} + \frac{\partial x^{*}}{\partial x^s}\frac{\partial^2 x^s}{\partial x^{i*}\partial x^{k*}}$$

$$-\delta^i_{k*}\frac{\partial x^{i*}}{\partial x^s}\frac{\partial^2 x^s}{\partial x^{i*}\partial x^{i*}}$$

여기에서 양쪽 계의 첨자들은 같은 문자가 쓰였더라도, 모두 독립적으로 1부터 4까지의 값을 취한다는 점에 주목하기 바란다. 또한 이 식에서 마지막 항 때문에 첨자 i와 k에 대해 전치대칭이 아니라는 점도 주목할 필요가 있다. 이 특이한 상황은 이 변환이 전치대칭좌표변환과 람다변환을 합성한 것으로 생각할 수 있다는 것으로 설명될 수 있다. 이를 밝히기 위해 마지막 항을 우선 다음과 같이 써보자.

$$-\frac{1}{2}\left[\delta^{l*}_{k*}\frac{\partial u^{t*}}{\partial x^s}\frac{\partial^2 x^s}{\partial x^{t*}\partial x^{t*}}+\delta^{l*}_{i*}\frac{\partial x^{t*}}{\partial x^s}\frac{\partial^2 x^s}{\partial x^{k*}\partial x^{t*}}\right]$$

$$+\frac{1}{2}\left[\delta^{l*}_{i*}\frac{\partial u^{t*}}{\partial x^s}\frac{\partial^2 x^s}{\partial x^{k*}\partial x^{t*}}-\delta^{l*}_{k*}\frac{\partial x^{t*}}{\partial x^s}\frac{\partial^2 x^s}{\partial x^{t*}\partial x^{t*}}\right]$$

이 두 항 가운데 첫 번째는 전치대칭인데, 이것을 (10)의 우변에 있는 첫 두 항과 결합하여 $K^l_{ik}{}^*$의 식을 만든다. 다음으로 먼저 아래의 변환을 하고,

$$U^{l*}_{ik}=K^{l*}_{ik}$$

이어서 다음의 람다변환을 한다.

$$U_{ik}^{l\,**} = U_{ik}^{l\,*} + \delta_{i*}^{l*}\lambda_{,k*} - \delta_{k*}^{l*}\lambda_{,i*}$$

그러면 위의 두 변환으로부터 다음 식이 나온다.

$$U_{ik}^{l\,**} = K_{ik}^{l\,*} + (\delta_{i*}^{l*}\lambda_{,k*} - \delta_{k*}^{l*}\lambda_{,i*})$$

이는 (10)을 이와 같은 합성으로 볼 수 있음을 뜻한다. 하지만 그러려면 (10a)의 둘째 항을 $\delta_{i*}^{l*}\lambda_{,k*} - \delta_{k*}^{l*}\lambda_{,i*}$의 형태로 만들 수 있어야 한 이에 대해서는 다음과 같은 λ가 존재함을 보이기만 하면 된다.

(11)
$$\frac{1}{2}\,\frac{\partial x^{t*}}{\partial x^s}\,\frac{\partial^2 x^s}{\partial x^{k*}\partial x^{t*}} = \lambda_{,k*}$$

$$\left(\text{그리고} \;\; \frac{1}{2}\,\frac{\partial x^{t*}}{\partial x^s}\,\frac{\partial^2 x^s}{\partial x^{t*}\partial x^{t*}} = \lambda_{,i*} \right)$$

가상적인 상태에 있는 방정식의 좌변을 변환하려면, 먼저 $\dfrac{\partial x^{t*}}{\partial x^s}$ 를 역변환 $\dfrac{\partial x^a}{\partial x^{b*}}$ 의 계수들로 나타내야 한다. 이에 대해서는 다음 식이 있고,

$$\frac{\partial x^p}{\partial x^{t*}}\,\frac{\partial x^{t*}}{\partial x^s} = \delta_s^{\,p}$$

또 다음 식도 있다.

$$\frac{\partial x^p}{\partial x^{t*}}\, V^s_{t*} = \frac{\partial x^p}{\partial x^{t*}}\, \frac{\partial D}{\partial\left(\dfrac{\partial x^s}{\partial x^t}\right)} = D\delta^p_s$$

여기에서 V^s_{t*} 는 $\dfrac{\partial x^s}{\partial x^{t*}}$ 의 여인수이며, 행결 $D = \left| \dfrac{\partial x^a}{\partial x^{b*}} \right|$ 를 $\dfrac{\partial x^s}{\partial x^{t*}}$ 에 대해 미분한 식으로 나타낼 수 있다. 따라서 우리는 다음 식을 얻을 수 있다.

(b)
$$\frac{\partial x^p}{\partial x^{t*}} \cdot \frac{\partial \log D}{\partial\left(\dfrac{\partial x^s}{\partial x^{t*}}\right)} = \delta^p_s$$

그리고 (a)와 (b)로부터 다음 식이 나온다.

$$\frac{\partial x^{t*}}{\partial x^s} = \frac{\partial \log D}{\partial\left(\dfrac{\partial x^s}{\partial x^{t*}}\right)}$$

이 관계식 때문에 (11)의 좌변은 다음과 같이 쓸 수 있다.

$$\frac{1}{2}\, \frac{\partial \log D}{\partial\left(\dfrac{\partial x^s}{\partial x^{t*}}\right)}\left(\frac{\partial x^s}{\partial x^{t*}}\right)_{,k*} = \frac{1}{2}\, \frac{\partial \log D}{\partial x^{k*}}$$

이는 실제로 (11)이 다음에 의해 충족됨을 뜻한다.

$$\lambda = \frac{1}{2} \log D$$

이로써 (10)의 변환이 람다변환과 아래와 같은 전치대칭 변환의 합성임이 증명된다.

(10b) $\quad U_{ik}^{l}{}^{*} = \dfrac{\partial x'^{*}}{\partial x^{l}} \dfrac{\partial x^{i}}{\partial x'^{*}} \dfrac{\partial x^{k}}{\partial x^{k*}} U_{ik}^{l} + \dfrac{\partial x'^{*}}{\partial x^{s}} \dfrac{\partial^{2} x^{s}}{\partial x'^{*} \partial x^{k*}}$

$$- \frac{1}{2} \left[\delta_{k*}^{l*} \frac{\partial x'^{*}}{\partial x^{s}} \frac{\partial^{2} x^{s}}{\partial x'^{*} \partial x'^{*}} + \delta_{i*}^{l*} \frac{\partial x'^{*}}{\partial x^{s}} \frac{\partial^{2} x^{5}}{\partial x^{k*} \partial x'^{*}} \right]$$

따라서 (10b)를 (10)을 대체하는 U의 변환식으로 생각해도 된다. 표현의 형태만 바꾸는 U장의 모든 변환은 람다변환과 (10b)에 따른 좌표변환의 합성으로 나타낼 수 있다.

변분원리와 장방정식

변분원리에서 장방정식을 유도할 경우 결과적으로 얻어지는 방정식계뿐만 아니라, 일반공변성과 관련되는 비앙키항 등식의 적합성도 보장된다. 게다가 보존법칙도 체계적으로 얻어진다는 장점이 있다.

여기에서 변분할 적분은 적분의 대상으로 스칼라밀도 $\mathfrak{H}$ 를 필요로 한다. 우리는 이것을 R_{ik} 나 S_{ik} 를 토대로 만들 것이다. 가장 간단한 방법은 Γ 또는 U 외에 아래와 같이 비중이 1인 공변텐서밀도covariant tensor density $\boldsymbol{g}^{ik}$ 를 도입하는 것이다.

(12)
$$\mathfrak{H} = \boldsymbol{g}^{ik} R_{ik} (= \boldsymbol{g}^{ik} S_{ik})$$

$\boldsymbol{g}^{ik}$ 의 변환법칙은 다음과 같아야 한다.

(13)
$$\boldsymbol{g}^{ik*} = \frac{\partial x^{i*}}{\partial x^i} \frac{\partial x^{k*}}{\partial x^k} \boldsymbol{g}^{ik} \left| \frac{\partial x^i}{\partial x^{i*}} \right|$$

다른 좌표계에 대해 같은 첨자를 썼지만, 이것은 각각 독립적으로 취급해야 한다. 그러면 다음의 적분은 이 변환에 대해 실제로 불변임을 알 수 있다.

$$\int \mathfrak{H}^* d\tau^* = \int \frac{\partial x^{i*}}{\partial x^i} \frac{\partial x^{k*}}{\partial x^k} \boldsymbol{g}^{ik} \left| \frac{\partial x^t}{\partial x^{t*}} \right| \cdot \frac{\partial x^s}{\partial x^{i*}} \frac{\partial x^t}{\partial x^{k*}} S_{st} \left| \frac{\partial x^{r*}}{\partial x^r} \right| d\tau$$
$$= \int \mathfrak{H} d\tau$$

이 적분은 (5)나 (9)의 람다변환에 대해서도 불변이다. Γ 또는 U로 표현된 R_{ik}가 람다변환에 대해 불변이고 이에 따라 H도 그렇기 때문이다. 이로부터 $\int \mathfrak{H} d\tau$ 의 변분으로 얻어지는 장방정식도 좌표변환과 람다변환에 대해 불변임이 도출된다.

하지만 우리는 장방정식이 g와 Γ 또는 $\boldsymbol{g}$와 U에 대해서도 전치불변이라고 가정한다. 이것은 $\mathfrak{H}$가 전치불변일 경우에 있어서이다. 앞서 우리는 R_{ik}가 U로 표현된다면 전치대칭이지만, Γ로 표현된다면 그렇지 않음을 보았다. 그러므로 $\mathfrak{H}$는 $\boldsymbol{g}^{ik}$ 외에 (Γ가 아니라) U를 장변수로 도입할 때만, 전치불변이 된다. 그 경우 우리는 처음부터 장변수들의 변분을 통해 $\int \mathfrak{H} d\tau$ 로부터 유도되는 장방정식이 전치불변임을 확신할 수 있다.

(8)과 (12)로 주어지는 $\mathfrak{H}$를 $\boldsymbol{g}$ 와 U에 대해 변분하면 다음 식을 얻는다.

$$
\begin{aligned}
&\delta \mathfrak{H} = S_{ik}\delta\boldsymbol{g}^{ik} - \mathfrak{N}^{ik}{}_l \delta U^l_{ik} + (\boldsymbol{g}^{ik}\delta U^s_{ik})_{,s} \\
&S_{ik} = U^s_{ik,s} - U^s_{it}U^t_{sk} + \frac{1}{3}U^s_{is}U^t_{tk} \\
&\mathfrak{N}^{ik}{}_l = \boldsymbol{g}^{ik}{}_{,l} + \boldsymbol{g}^{sk}(U^i_{sl} - \frac{1}{3}U^t_{st}\delta^k_l) \\
&\quad + \boldsymbol{g}^{is}(U^k_{ls} - \frac{1}{3}U^t_{ls}\delta^k_l)
\end{aligned}
$$

(14)

장방정식

변분원리는 다음과 같다.

$$\text{(15)} \qquad \delta \left(\int \mathfrak{H} \, d\tau \right) = 0$$

g^{ik}와 U_{ik}^{l}은 독립적으로 변분해야 하며, 적분 영역 경계에서의 변분은 0이어야 한다. 이 변분으로부터 우선 다음 식을 얻을 수 있다.

$$\int \delta \mathfrak{H} \, d\tau = 0$$

여기에 (14)를 넣으면 $\delta \mathfrak{H}$를 나타내는 식의 마지막 항은 경계에서 δU_{ik}^{l}가 0이므로 아무런 기여를 하지 못한다. 따라서 우리는 다음과 같은 장방정식을 얻게 된다.

(16a) $\qquad\qquad\qquad S_{ik} = 0$

(16b) $\qquad\qquad\qquad \mathfrak{H}^{ik}{}_{l} = 0$

변분원리의 선택으로부터 이미 분명한 것이지만, 이것들은 좌표변환과 람다변환에 대해 불변일 뿐만 아니라 전치불변이기도 하다.

항등식

위의 장방정식들 사이에는 4+1개의 항등식이 있으므로 서로 독립적이지 않다. 다시 말해서 이것들의 좌변들 사이에는 $g-U$장이 장방정식을 충족하는지에 상관없이 성립하는 4+1개의 항등식이 존재한다.

이 항등식들은 $\int \mathfrak{H} d\tau$가 좌표변환과 람다변환에 대해 불변이라는 사실을 기본 바탕으로 하는 방법을 통해 유도할 수 있다.

왜냐하면 이는 $\int \mathfrak{H} d\tau$의 불변성, 즉 $\delta \mathfrak{H}$에 미소좌표변환 또는 미소람다변환에서 유래하는 δg와 δU의 변분들을 각각 넣었을 때, $\int \mathfrak{H} d\tau$의 변분이 항등적으로 0이 된다는 점으로부터 도출되기 때문이다.

미소좌표변환은 아래와 같이 쓰여지는데

(17) $$x^{i*}=x^i+\xi^i$$

ξ^i는 임의의 미소벡터이다. 이제 우리는 (13)과 (10b)의 식들을 이용하여 δg^{ik}와 δU^l_{ik}을 ξ^i로 나타내야 하는데, (17)

을 고려하여 다음과 같이 치환하고

$$\frac{\partial x^{a*}}{\partial x^b} \rightarrow \delta^a_b + \xi^a,_b \,, \quad \frac{\partial x^a}{\partial x^{b*}} \rightarrow \delta^a_b - \xi^a,_b$$

ξ에 대한 2차 이상의 항들을 생략하면 다음 식이 나온다.

(13a) $\quad \delta g^{ik}(=g^{ik*}-g^{ik})=g^{sk}\xi^i,_s+g^{is}\xi^k,_s-g^{ik}\xi^s,_s+[-g^{ik},_s\,\xi^s]$

(10c) $\quad \delta U^l_{ik}(=U^{l*}_{ik}-U^l_{ik})=U^s_{ik}\xi^l,_s-U^l_{sk}\xi^s,_i-U^l_{is}\xi^s,_k+\xi^l,_{ik}$

$$+[-U^l_{ik},_s\,\xi^s]$$

여기에서는 다음에 주목해야 한다. 변환식들은 연속체의 같은 점에 있는 장변수에 새로운 값을 부여한다. 위에서 이야기한 계산은 먼저 δg^{ik}와 δU^l_{ik}에 대한 식을 내놓는데, 여기에는 괄호 안의 항들이 없다. 반면 변분법에서 δg^{ik}와 δU^{ik}_{ik}은 고정된 좌표값에 대한 변분을 나타내는데, 이것들을 얻으려면 괄호 안의 항들을 더해야 한다.

이러한 '변환변분 transformation variations" δg와 δU를 (14)에 넣으면 적분 $\int \mathfrak{H} d\tau$의 변분은 항등적으로 0이 된다. 나아가 ξ^i가 적분 영역의 경계에서 그 1차 미분과 함께 0이 되도록 택하면 (14)의 마지막 항은 아무런 기여도 하지 못한다. 그러므로 δg^{ik}와 δU_{ik}^l을 (13a)와 (10c)으로 치환하면 아래의 적분은 항등적으로 0이 된다.

$$\int (S_{ik}\delta g^{ik} - \mathfrak{R}^{ik}{}_l \delta U_{ik}^l)\,d\tau$$

이 적분은 ξ^i와 그 도함수에 대해 1차로 균일하게 의존하므로 부분적분을 반복하면 다음과 같이 쓸 수 있다.

$$\int \mathfrak{A}_i \xi^i\,d\tau$$

위의 $\mathfrak{A}_i$는 알려져 있는 식으로, S_{ik}에 대해서는 1차이고 $\mathfrak{R}^{ik}{}_l$에 대해서는 2차이다. 이로부터 다음 항등식이 나온다.

(18) $$\mathfrak{A}_i \equiv 0$$

이것은 장방정식 좌변의 S_{ik}와 $\mathfrak{R}_l^{ik}$에 대한 4개의 항등식들로 비앙키항등식들에 대응하며, 앞서 도입한 용어들에 따르면 이 항등식들은 3차이다.

다음으로 살펴볼 다섯 번째의 항등식은 미소람다변환에 대한 적분 $\int \mathfrak{H}\,d\tau$의 불변성에 대응한다. 여기에서는 (14)에

다음 식들을 넣어야 하는데

$$\delta g^{ik}=0 \quad \delta U^l_{ik}=\delta^l_i\lambda_{,k}-\delta^l_k\lambda_{,i}$$

λ는 무한소이고 적분 영역의 경계에서는 0이다. 이로부터 먼저 다음 식이 나오는데

$$\int \mathfrak{R}^{ik}_{l}(\delta^l_i\lambda_{,k}-\delta^l_i\lambda_{,i})\,d\tau=0$$

부분적분을 거치면 다음 식이 얻어진다.

$$2\int \mathfrak{R}^{is}_{s,i}\lambda\,d\tau=0$$

(일반적으로 $\mathfrak{R}^{ik}_{l}=\dfrac{1}{2}\,(\mathfrak{R}^{ik}_{l}-R^{ki}_{l})$이다)

(19) $$\mathfrak{R}^{is}_{\lor\,s,i}\equiv 0$$

그러면 이로부터 원하는 항등식이 나온다.

우리의 용어에 따르면 이것은 2차의 항등식이다. (14)로부터 간단한 계산을 거치면 $\mathfrak{R}^{is}_{\lor\,s,i}$ 이 나온다.

(19a) $$\mathfrak{R}\,^{is}_{\;\;s}\equiv\boldsymbol{g}^{is},_{s}$$

(16b)의 장방정식이 충족되면 아래의 결과가 얻어진다.

(16c) $$\boldsymbol{g}^{is},_{s}=0$$

물리적 해석에 대한 참고 사항. 전자기장에 대한 맥스웰의 이론과 비교하면 (16c)는 자류밀도가 0이라는 해석을 암시한다. 만일 이를 받아들이면 어떤 식이 전류밀도를 나타내는지가 분명해진다. 텐서밀도 $\boldsymbol{g}^{ik}$에 대해 다음과 같이 텐서 g^{ik}를 부여할 수 있는데,

(20) $$\boldsymbol{g}^{ik}=g^{ik}\sqrt{-|g_{st}|}$$

공변텐서 g_{ik}와 반변텐서 g^{ik}의 관계는 다음과 같다.

(21) $$g_{is}\,g^{ks}=\delta_i^k$$

이 두 식으로부터 다음 식이 나오며,

$$g^{ik} = \boldsymbol{g}^{ik}(-|\boldsymbol{g}^{st}|)^{-\frac{1}{2}}$$

(21)로부터 g_{ik} 는 나온다. 그러면 우리는 다음의 식

(22)
$$(a_{ikl}) = g_{ik,l} + g_{kl,i} + g_{li,k}$$

또는 아래의 식이 전류밀도를 나타낸다고 가정할 수 있다.

(22a)
$$\boldsymbol{a}^m = \frac{1}{6}\, \eta^{iklm}\, a_{ikl}$$

여기의 η^{iklm} 은 ±1의 성분들로 이루어진 레비치비타 텐서밀도로서 모든 첨자들에 대해 반대칭이며, 그 발산은 항등적으로 0이다.

방정식계 (16a)와 (16b)의 세기

앞서 설명한 계수법을 여기에 적용하려면, (9)의 형태로 주어지는 람다변환에 의해 U로부터 얻어지는 모든 U^* 는 실제로 같은 U장을 나타낸다는 사실을 고려해야 한다. 이는 U^l_{ik} 을 전개했을 때 얻어지는 n차의 계수가 λ의 $\binom{4}{n}$개의 n차 도함수들로 이루어진다는 귀결을 낳는다. 이런 λ의 선

택은 실제로는 서로 다른 U장들을 구별하는 데에 아무런 역할을 하지 못한다. 그러므로 U장을 세는 데에 유관한 전개계수의 수는 $\begin{pmatrix} 4 \\ n \end{pmatrix}$만큼 줄어들며, 이 계수법에 의해 얻어지는 n차 자유계수의 수는 다음과 같다.

$$(23) \quad z= \left[16 \begin{pmatrix} 4 \\ n \end{pmatrix} + 64 \begin{pmatrix} 4 \\ n-1 \end{pmatrix} - 4 \begin{pmatrix} 4 \\ n+1 \end{pmatrix} \right.$$
$$\left. - \begin{pmatrix} 4 \\ n \end{pmatrix} \right] - \left[16 \begin{pmatrix} 4 \\ n-2 \end{pmatrix} + 64 \begin{pmatrix} 4 \\ n-1 \end{pmatrix} \right]$$
$$+ \left[4 \begin{pmatrix} 4 \\ n-3 \end{pmatrix} + \begin{pmatrix} 4 \\ n-2 \end{pmatrix} \right]$$

첫째 괄호는 g-U장을 규정하는 n차 유관계수의 전체 수를 나타내고, 둘째 괄호는 장방정식의 존재 때문에 감소되는 수를 나타낸다. 셋째 괄호는 (18)과 (19)의 항등식에 의한 이 감소의 수정을 나타낸다. 큰 n에 대해 점근적인 값을 구하면 다음과 같은데,

$$(23a) \qquad z \sim \begin{pmatrix} 4 \\ n \end{pmatrix} \frac{z_1}{n}$$
$$z_1 = 42$$

위의 z_1은 42이다.

그러므로 비대칭장의 장방정식은 순수한 중력장에 대한 것($z_1=12$)보다 상당히 약하다.

방정식계의 세기에 대한 람다불변의 영향 이 이론의 전치불변성을 장변수로서 U를 도입하는 대신, 아래와 같은 전치불변식으로부터 이끌어낼 수도 있을 것이다.

$$\mathfrak{H} = \frac{1}{2}\,(\boldsymbol{g}^{ik}R_{ik} + \tilde{\boldsymbol{g}}^{ik}\tilde{R}_{ik})$$

물론 그렇게 얻은 이론은 앞서 설명한 것과 다르다. 실제로 위의 $\mathfrak{H}$에는 람다불변성이 없음을 보일 수 있다. 여기에서도 (16a)와 (16b)의 형태로 $\boldsymbol{g}$와 Γ에 대해 전치불변인 장방정식들이 나온다. 하지만 이것들 사이에 '비앙키항등식'은 4개만 존재한다. 우리의 계수법을 이 방정식계에 적용하면 (23)에 해당하는 식의 첫째 괄호 안의 넷째 항과 셋째 괄호 안의 둘째 항이 없어지며, 따라서 $z_1=48$이 된다.

따라서 이 방정식계는 우리가 택한 것보다 취약하기 때문에 기각된다.

앞서 본 장방식계와의 비교 이는 아래와 같이 주어진다.

$$\Gamma^s_{\underset{\vee}{is}}=0 \qquad\qquad R_{\underset{-}{ik}}=0$$

$$g_{ik,l}-g_{sk}\,\Gamma^s_{il}-g_{is}\,\Gamma^s_{\underset{\vee}{lk}}=0 \qquad R_{\underset{\vee}{ik},l}+R_{\underset{\vee}{kl},i}+R_{\underset{\vee}{li},k}=0$$

여기에서 R_{ik}는 (4a)에 의해 Γ의 함수로 정의되는데,
$R_{\underset{-}{ik}}=\dfrac{1}{2}\,(R_{ik}+R_{ki})$, $R_{\underset{\vee}{ik}}=\dfrac{1}{2}\,(R_{ik}-R_{ki})$이다.

이 계는 같은 적분의 변분을 통해 만들어졌으므로 (16a)와 (16b)라는 새로운 계와 동등하다. 그리고 g_{ik}와 Γ^l_{ik}에 대해 전치불변이다. 하지만 다음의 점에서 다르다. 변분할 적분 자체 및 이 변분을 통해 처음에 얻어지는 방정식계도 전치불변이 아니다(단 (5)의 람다변환에 대해서는 불변이다).

여기에서 전치불변성을 얻으려면 특별한 방법을 써야 하는데, 이는 $\Gamma^l_{ik}{}^{*}=\Gamma^l_{ik}+\delta^l_i\lambda_k$로 놓아 변분을 하면 $\Gamma^s_{\underset{\vee}{is}}=0$이 되도록 하는 4개의 새로운 장변수 λ_i를 도입하는 것이다. 따라서 Γ에 대해 변분하여 얻는 방정식들은 이미 이야기한 전치불변의 형태가 된다.

그런데 R_{ik}의 식에는 여전히 부수적 변수 λ_i가 들어 있다. 하지만 이것은 소거될 수 있고, 그 결과 방정식들은 앞서 설

명한 방식에 따라 분해되며, 이렇게 얻은 방정식들은 g와 Γ
에 대해 전치불변이다.

$\Gamma_{is}^{s}=0$ 을 가정하는 데에는 Γ장의 정규화normalization가 필
요하다. 하지만 그럴 경우 방정식계의 람다불변성이 사라지
며, 이에 따라 Γ장의 동등한 표현들의 일부는 이 방정식계
의 해가 되지 못한다. 이런 현상은 순수한 중력장방정식에
좌표의 선택을 제한하는 임의의 방정식들을 덧붙이는 절차
에 비견된다.

게다가 이 경우의 장방정식계는 불필요하게 복잡해진다.
이 난점은 새로운 식에서 g와 U에 대해 전치불변인 변분원
리로부터 시작하고 g와 U를 끝까지 장변수로 사용함으로써
회피할 수 있다.

발산법칙 및 운동량과 에너지의 보존법칙

장방정식이 충족되고 변분도 변환변분이라면 (14)에서 S_{ik}
와 $\mathfrak{B}^{ik}$는 물론 $\delta\mathfrak{H}$도 0이 된다. 그러면 장방정식은 다음과
같이 되며,

$$(g^{ik}\delta U_{ik}^{s})_{,s}=0$$

여기에서 δU_{ik}^{s}는 (10c)로 주어진다. 이 발산법칙divergence

law은 어떤 벡터 ξ_i를 선택하든 성립한다. 특히 가장 단순한 선택, 곧 ξ_i가 x에 무관하도록 선택한 경우에는 다음의 네 방정식을 얻을 수 있다.

$$\mathfrak{T}^s_{i,s} \equiv (\boldsymbol{g}^{ik} U^s_{ik,t})_{,s} = 0$$

이것은 운동량과 에너지의 보존법칙으로 해석하고 적용한 것으로 볼 수 있다. 하지만 이러한 보존방정식은 장방정식계에 의해 결코 유일하게 결정되지 않는다는 점에 주목해야 한다. 한편 아래의 방정식을 보면, 에너지밀도($\mathfrak{T}^4_4$)는 물론 에너지류밀도($\mathfrak{T}^4_1$, $\mathfrak{T}^4_2$, $\mathfrak{T}^4_3$)도 x_4와 무관한 장에 대해 0이 된다는 점은 사뭇 흥미롭다.

$$\mathfrak{T}^s_i \equiv \boldsymbol{g}^{ik} U^s_{ik,t}$$

우리는 이 이론에 따르면 특이성이 없는 정지장stationary field의 경우 0이 아닌 질량은 결코 나타날 수 없다고 결론내릴 수 있다.

만일 이전의 장방정식을 쓴다면 보존법칙의 형태와 유도는 훨씬 복잡해진다.

일반 사항

A. 나는 여기에서 제시한 이론이 논리적으로 가장 단순하면서도 완전히 성립 가능한 상대론적 장론이라고 생각한다. 하지만 그렇다고 자연이 더 복잡한 장론을 따르지 않을 것이라는 뜻은 아니다.

더 복잡한 장론들도 제안되었는데, 그것들은 다음과 같은 특징들에 따라 분류할 수 있을 것이다.

(a) 연속체의 차원 수 증가. 이 경우 우리가 보는 연속체는 왜 4차원에 머무는지를 설명해야 한다.

(b) 변위장 및 이와 관련된 텐서장 g_{ik} 또는 g^{ik} 와 종류가 다른 (예를 들어 벡터장과 같은)장의 도입

(c) (미분)차수가 더 높은 장방정식의 도입

나는 이처럼 더 복잡한 방정식계나 그 결합계들은 타당한 물리적 및 경험적 이유가 있을 때에만 고려해야 한다고 생각한다.

B. 장론은 장방정식계만으로 완전히 결정되지 않는다. 그렇다면 우리는 특이점의 출현을 인정해야 할까? 경계조건을

가정해야 할까?

첫째 질문에 대해 나는 특이점이 배제되어야 한다고 본다. 연속체이론에 장방정식이 성립하지 않는 점이나 선 등을 도입한다는 것은 불합리하기 때문이다. 게다가 특이점의 도입은 특이점을 가까이에서 둘러싼 '곡면'에 대해 경계조건을 가정하는 것과 동등한데, 이런 조건은 장방정식의 관점에서 보자면 임의적이고, 이런 가정이 없다면 이론은 모호해진다.

둘째 질문에 대해 나는 경계조건의 가정이 필수적이라고 생각한다. 간단한 예를 들어보자면, 우리는 퍼텐셜이 $\varphi = \sum \frac{m}{r}$ 과 같은 형태라는 가정과 3차원 공간에 있는 질점의 밖에서는 $\Delta\varphi = 0$ 이 성립한다는 서술을 비교해 볼 수 있다. 하지만 φ 가 무한대에서 0이 되거나 유한한 값에 머문다는 경계조건을 덧붙이지 않으면, x의 전해석함수entire function인 해 $x_1{}^2 - \frac{1}{2}(x_2{}^2 + x_3{}^2)$ 이 존재하고 무한대에서 발산한다. '열린' 공간의 경우 이런 장을 배제하려면 경계조건을 가정하는 수밖에 없다.

C. 장론으로 실체의 원자론적 및 양자론적 구조를 이해할 수 있을까? 이에 대해서는 거의 모든 사람들이 '아니오'라고 대답할 것이다. 하지만 나는 현 시점에서 이에 대해 믿을 만

한 대답을 내놓을 사람은 아무도 없다고 본다. 왜냐하면 우리는 특이점의 제거가 해의 다양성을 어떻게 그리고 얼마나 줄이게 될지를 판단할 수 없기 때문이다.

우리는 특이점이 없는 해를 체계적으로 이끌어낼 방법을 전혀 알지 못한다. 어림법은 아무 소용이 없는데, 이는 어떤 특정한 어림해에 대응하여 특이점이 없는 정확한 해가 존재하는지를 전혀 모르고 있기 때문이다. 이런 이유로 현 시점에서 우리는 비선형장론을 실제와 비교할 수 없으며, 수학적으로 상당한 진보가 있어야 비로소 도움이 될 것이다.

오늘날 장론은 대략 확립된 규칙에 따라 먼저 '양자화 quantization'를 함으로써 장확률의 통계론statistical theory of field probabilities으로 바꾸어야 한다는 견해가 지배적이다. 하지만 나는 이 방법이 본질적으로 비선형적인 성질들의 관계를 선형적으로 묘사하려는 시도에 지나지 않는다고 여겨진다.

D. 우리는 실체가 왜 결코 연속적인 장으로 표현될 수 없는지에 대해 합당한 이유들을 내놓을 수 있다. 양자 현상들에 따르면 유한한 에너지를 가진 유한한 계는 유한한 개수의 양자수로 완전히 표현될 수 있다는 게 분명한 것처럼 보인다. 하지만 이는 연속체이론과 부합하지 않는 듯하며, 따라

서 우리는 필연적으로 실체를 순수한 대수적 이론으로 표현하려는 시도를 하게 된다. 하지만 그런 이론의 토대를 어찌 얻을지 아는 사람은 아직까지 아무도 없다.

　아인슈타인의 과학적 업적과 그 영향에 대한 내용은 브라이언 그린의 서문에 상세히 나와 있다. 따라서 여기에서는 내용들 가운데 독자들에게 도움이 될 만한 것들을 살펴보기로 한다.

　아인슈타인은 뉴턴과 함께 역사상 쌍벽을 이루는 최고의 과학자이다. 이는 과학자들이 1666년과 1905년의 두 해를 기적의 해miracle year라고 부르면서 이들의 업적을 기리고 있다는 데에서도 잘 드러난다. 1666년 뉴턴은 운동, 만유인력, 과학의 법칙과 미적분을 정립하여 근대 과학의 토대를 놓았으며, 1905년 아인슈타인은 광전효과, 브라운운동, 특수상대성에 대한 이론과 질량에너지동등원리를 발표하여 현대 과

학의 새로운 장을 열었다. 아인슈타인의 업적들 중 상대성이론이 가장 널리 알려져 있고 또 실제로 가장 큰 영향을 미치고 있다. 이런 상대성이론은 대략 3단계의 과정을 거쳐 완성되었다.

먼저 아인슈타인은 16세에 "만일 내가 광속으로 빛과 나란히 달리면서 빛을 바라본다면 빛은 어떻게 보일까?"라는 의문을 품었다. 이에 대한 보통 사람들의 직관적인 답은 "정지해 있는 것처럼 보인다"일 것이다. 시속 100킬로미터로 나란히 달리는 차들이 서로를 바라보면 정지한 것처럼 보이기 때문이다. 그리고 이 현상은 다른 물체들에서도 마찬가지일 것으로 생각된다. 그런데 신기학도 빛의 경우만은 예외이다. 빛의 경우, 첫째로 어떤 물체도 관속보다 빠르게 움직일 수 없으며, 둘째로 관찰자의 속도가 어떻든 상관없이 진공 중의 광속은 일정하다. 이 놀라운 현상의 배경에는 시공간의 기이한 본질이 깔려 있다. 아인슈타인은 대학을 졸업하고 결혼하고 직장 생활을 하면서 계속 이에 대해 연구했고, 마침내 10년 뒤 26세에 특수상대성이론을 발표하여 이를 해명했다.

특수 상대성 이론은 뉴턴 이래 인류가 품고 있던 시공간의 본질을 혁신했고, 이에 따라 과학 역사상 최고의 반열에 오를 이론으로 평가받았다. 하지만 이 이론은 등속계에만 적용된다는 약점이 있으며 이 약점은 뜻밖에 심각한 수준이었다. 어떤 물체는 다른 물체의 영향력이 없을 때에 등속운동을 하는데 엄밀히 말하면 그런 세상은 존재하지 않기 때문이다. 따라서 무수히 많은 물체들이 존재하는 우주를 이해하려면 이를 뛰어넘는 새로운 이론이 필요하다.

특수상대성이론을 구상할 때부터 이 약점을 간파했던 아인슈타인은 이후 다시 10년의 세월을 바쳐 36세에 일반상대성이론을 발표하여 이를 해소했다. 일반상대성이론은 가속계와 중력계가 동등하다는 등가원리를 바탕으로 세워졌는데, 이는 누구나 알 수 있듯 차의 '가속'은 '힘'으로 느껴지기 때문이다. 하지만 이 원리를 구체적으로 나타내기 위해서는 그때까지 생소한 분야였던 난해한 수학이 필요했다. 그는 친구의 도움을 받아 이 수학을 공부하고 자신의 아이디어를 여기에 접목하는 등 힘겨운 노력을 기울인 끝에 결국 일반상대성이론을 완성했다.

이상을 요약하면 아인슈타인은 30년에 걸쳐 10년 간격으로 두 번의 중대한 의문을 품고 두 가지의 중대한 이론을 완성했다. 이러한 상대성이론의 성공으로 아인슈타인은 이후 일찍이 어떤 과학자도 누리지 못한 영광을 평생 누리게 되었다. 그러나 그의 만년이 결코 순탄하지만은 않았다.

 상대성이란 무엇인가

오늘날 상대성이론은 양자역학과 함께 현대 물리학의 양대 기둥 역할을 하고 있다. 그런데 이 두 이론은 근본적 토대에서 서로 모순점을 안고 있다. 그래서 이 두 이론의 통함은 지금까지도 물리학의 가장 큰 과제로 남아 있다.

신기한 것은 아인슈타인이 상대성이론뿐만 아니라 양자역학의 탄생에도 심대한 기여를 했다는 것이다. 두 번째 기적의 해인 1905년에 발표한 광전효과에 대한 논문은 빛이 파동성과 입자성을 함께 가진다는 사실을 설파하였고, 이것은 이후 "모든 물질은 파동성과 입자성을 함께 가진다"는 양자역학의 핵심 원리로 이어졌다. 그러나 아인슈타인은 나중에 양자역학의 또 다른 핵심 원리인 '확률론적 해석'에 반대하며 양자역학의 발전사에서 발을 뺐다. 당시 이 문제에 대해 아인슈타인과 유명한 논쟁을 펼쳤던 덴마크의 물리학자 닐스 보어는 "이 위대한 친구와 동행하지 못하는 것이 너무나 안타깝다"라고 탄식했다.

대신 아인슈타인은 중력과 전자기력이라는 자연계의 근본력을 통합하는 데에 남은 생애를 바쳤다. 하지만 당시에는 또 다른 근본적인 강력과 약력이 알려지지 않았기 때문에, 이는 사실상 당연히 실패로 귀결될 운명이었다. 실제로 이것은 앞에서 말한 상대론과 양자론의 통합이라는 문제와 밀접한 관계가 있을 것으로 추측되면서 오늘날까지도 여전히 미해결 상태이다. 그런데 아인슈타인 자신도 이를 예상하지 못한 것은 아니었다. 그럼에도 불구하고 그가 이에 매진한 것은, 이것이 중대한 문제이기는 하지만 물거품으로 끝날 공산이 크기 때문에, 이미 충분한 성취를 이루어 실패를 두려워할 필요가 없는 자신과 같은 사람이 맡아야 한다는 소명감 때문이었다. 이를테면 그는 "새 술은 새 부대에", 곧 "새 이론은 신세대의 젊은이들에게" 맡기고 자신은 고전역학의 화룡점정이라 할 마지막 장식에 여생을 바쳤던 것이다.

하지만 이런 소회를 공개적으로 드러내기는 곤란했다. 그래서 대부분의 물리학자들은 아인슈타인 역시 나이가 들면서 완고한 성격으로 기울어 헛된 아집에 아까운 능력을 허비한다고 생각했다.

그러나 이 점과 관련하여 나는 아인슈타인이 남긴 또 다른 유산에 눈을 돌리고자 한다. 뉴턴과 아인슈타인은 약 240년의 시간적 간격처럼, 각자 살았던 시대적 상황이 투영된 독특한 과학적 성향을 보여준다.

먼저 뉴턴은 최고의 과학자이지만 과학사가들은 그를 '최후의 마법사'라고 부른다. 그가 살던 17~18세기는 과학에 여명이 비치던 시기였지만, 여전히 중세 암흑시대의 영향이 강하여 미신적인 요소들을 완전히 떨치지 못했다. 뉴턴은 평생 독신으로 살면서 어두운 실험실에서 수많은 연금술적 실험에 몰두했으며, 실제로 과학보다도 연금술에 대해 남긴 문헌이 더 많았다.

이에 비해 나는 아인슈타인을 '최후의 자연철학자'라고 말하고 싶다. 그는 나치의 유대인 탄압 정책을 피해 제2차 세계대전이 일어나기 전 1933년에 미국으로 망명하여 1940년 시민권을 취득했다. 그런데 제2차 세계대전은 과학사에 있어서도 그 이전과 이후를 구분하는 분수령으로, 특히 여기에서 주목해야 할 것은 제2차 세계대전을 계기로 과학의 주 무대가 유럽에서 미국으로 옮겨감에 따라 과학과 철학이 현격히 분리되는 사태가 벌어졌다는 것이다.

전통적으로 유럽은 과학에서도 인문학적 소양을 중요시했다. 이는 고대 이래 귀족 문화가 유럽 사회를 주도적으로 이끌어오면서 이루어진 당연한 귀결이었다. 하지만 미국의 신세계에 뿌리를 내린 유럽의 이민자들은 이런 계급사회에 반감을 갖고 실용적인 기풍을 숭상했으며, 그 결과 미국은 사회 전반은 물론 철학에서도 실용주의가 지배하게 되었다. 단적으로 이런 경향은 아인슈타인 이후 가장 뛰어난 천재라고 불리는 리처드 파인만의 일화에서 확인할 수 있다. 파인만은 사람들이 그가 이룬 연구 성과의 철학적 의의를 자꾸 캐묻자, 의사로부터 "철학은 이 환자에게 치명적임"이라는 처방전을 받아 보여주었다고 한다. 하지만 유럽의 전통적인 교육을 받고 자란 아인슈타인은 천재의 면모에 어울리는 탁월한 철학적 소양을 지녔으며, 이에 따라 인생 전반에 걸쳐 깊이 음미할 만한 수많은 경구를 남겼다.

이러한 아인슈타인의 성향은 과학적 업적 자체에서도 드러난다. 사람들은 '상대성이론'이라는 이름에 얽매여 "상대성이론은 만물이 상대적인 속성을 가졌다는 점을 과학적으로 밝힌 이론이다"라는 선입관을 가지고 있다. 하지만 결코 그렇지 않으며 실제로는 오히려 정반대이다.

특수상대성이론의 첫 번째 가정인 '상대성원리'는 물리법칙들이 좌표계를 변환해도 동일하게 표현된다는 '대칭성'을 나타내고, 두 번째 가정인 '광속일정원리'는 '불변성'을 뜻하며, 이 둘의 공통점은 바로 '절대성'이다. 아인슈타인은 이와 같은 자연의 근본 속성들에서 심원한 아름다움을 느꼈으며, 이런 미학적 요소를 과학적 연구에서의 중요한 안내자로 삼아 자신의 방정식들에서 이를 구현하고자 했다.

이처럼 어쩌면 생을 통관洞觀하는 듯한 아인슈타인의 철학적 면모는 그의 삶에 드리워진 어두운 그늘에서도 찾을 수 있다. 그는 대학 시절 동급생이었던 밀레바 마리치라는 여학생과 커플이 되었다. 그런데 아무리 "사랑에 빠지면 눈과 귀가 먼다"라는 말이 있다지만, 이때 아인슈타인과 마리치 사이의 관계는 참으로 불가사의했다. 마리치는 아인슈타인보다 네 살 연상이었고, 태어날 때부터 두 다리의 길이가 차이가 나서 눈에 띄게 절뚝거렸다. 성격 역시 아인슈타인과 반대로 침울하고 은둔적이었으며, 집안에는 정신분열증의 내력이 있었고, 사회적 지위도 유대인들이 무시하던 남부 유럽, 특히 가장 업신여김을 받았던 발칸반도 출신이었다. 이 때문에 양쪽 집안을 포함하여 주위에서 그들의 결혼을 축복한 사람은 아무도 없었다.

그런데 1903년에 이루어진 결혼 전에 이미 둘 사이에는 리세를Lieserl이라는 딸이 있었다. 하지만 이 딸에 대해서는 태어난 지 얼마 지나지 않아 성홍열로 죽었다는 둥 사생아를 가졌다는 사실을 감추기 위해 입양시켰다는 둥 각종 추측만 있을 뿐, 어떤 자료도 찾을 수 없다. 이후 아인슈타인의 삶에서 마리치에 대한 흔적은 전혀 발견되지 않는다. 정식으로 결혼식을 올린 뒤 아인슈타인은 두 아들을 얻는다. 그런데 첫 아들은 나중에 대학교수가 될 정도로 재능이 뛰어나고 정상적인 삶을 살지만, 둘째 아들은 원인을 알 수 없는 정신분열증으로 정신병원에서 비참한 생을 마치게 된다.

아인슈타인이 마리치를 배우자로 택한 이유를 생각해보면, 사랑의 선택이 아니라 평생을 함께할 연구의 동반자로서 그녀를 택한 것이 아닌가라는 생각이 든다. 당시에는 여학생이 대학교에 들어가는 것 자체가 어려웠는데, 장애인에다가 고향에서 멀리 떨어진 곳으로 유학하면서까지 인문대도 아닌 공대에 들어갔다는 것은 마리치의 수학적 재능이 매우 뛰어났음을 예상할 수 있다. 반면 아인슈타인은 과학적 직관 능력에 있어서는 탁월했지만 수학적 재능은 그렇지 못했다. 따라서 이에 대한 보완이 절실했던 것으로 보인다. 이 점은 취리히 공과대학교의 수학 교수였던 헤르만 민코프스키가 아인슈타인을 "게으른 개"라고 혹평한 것으로도 짐작할 수 있다. 그러나 사생아 문제, 집안과 주변의 반대, 마리치의 졸업시험 실패, 아인슈타인의 실직 등 냉혹한 현실에 부딪히면서 마리치는 동반 연구는커녕 아인슈타인과 자식들의 뒷바라지만도 힘겨운 지경에 이르고 말았다.

물론 좋은 시절도 있었다. 처음 고된 시간 속에서 마리치가 학위를 취득하고, 아인슈타인도 베른 특허국의 말단 공무원으로 일자리를 얻어 생활이 안정되는 것 같았다. 그리고 기적의 해인 1905년 드디어 빛나는 영광의 길로 나아가는 서

막을 열게 된다.

　하지만 이와 같은 과학자로서의 길과 달리 아인슈타인의 결혼생활은 서서히 파탄의 구렁텅이로 빠져든다. 마리치는 아인슈타인을 위해 자신의 모든 것을 희생하는 동안 심신 양면으로 모두 피폐해졌다. 아인슈타인이 주변의 반대를 무릅쓰고 추구했던 동반자 관계는 너무나 허망하게 무너졌다.

　그러던 중 1909년에 얻은 둘째 아들의 정신분열증은 결정타가 되었다. 아인슈타인은 "나는 둘째 아들에게 다가오는 이 사태를 고통스럽게 지켜보았다"라고 썼으며, '저주스러운 유전'이라고 한탄했다. 결국 외적으로는 세계적인 명사로 떠오른 전성기였던 1919년 아인슈타인의 첫 결혼생활은 시련을 극복하지 못하고 이혼으로 막을 내렸다.

　이런 정황들 때문이었을까, 아인슈타인은 자신의 시신을 화장하여 아무도 알지 못하는 곳에 뿌려달라고 유언을 남겼다. 그리고 자신을 위하여 어떤 박물관이나 기념물도 세우지 말 것을 당부했다. 그는 자신의 지적 업적 외에 그 어느 것도 세상에 남기려고 하지 않았던 것 같다.

　사람은 제아무리 몸부림쳐도 죽으며, 사후에는 필연적으로 먼지로, 분자로, 원자로, 소립자로 환원되어 자연으로 돌아간다. 따라서 죽은 뒤 하루라도 빨리 자연으로 돌아가 영원히 이어지는 순환의 고리로 들어서는 것이 참된 영생이지 않을까? 물론 그의 생각을 정확히 알 수는 없다. 하지만 그가 죽은 뒤 병원에서는 그의 유언을 무시하고 가족들의 동의도 받지 않은 채 뇌를 따로 적출하여 오늘날까지 보관하고 있다. 그러나 그것으로는 아인슈타인의 천재성에 대한 어떤 티끌만한 암시도 얻지 못할 것이다. 따라서 이제라도 하루빨리 화장하여 산분하는 것이 후손들의 도리이자 최고의 예우라고 생각된다.

제2차 세계대전을 계기로 찢어진 과학과 철학의 재결합은 오늘날 절실히 요구되는 문제이다. 그리고 실제로 그렇게 나아가고 있다. 다만 그동안 간극이 너무 벌어져 있어서, 그 변화의 기미를 잘 읽어내지 못하고 있을 뿐이다. 오늘날 과학자들이 학창 시절 철학적 소양을 제대로 쌓지 못했기 때문에 그런 안목을 갖추고 있지 못하는 것도 당연하다.

아무튼 아인슈타인이 천재이기는 했지만 그 역시 절대적 존재는 아니다. 상대성이론도 오늘날 끊임없이 새롭게 이해되고 있기 때문에, 아인슈타인이 펴냈던 본래의 자료들은 어느덧 구식이 되었다. 실제로 나중에 아인슈타인은 상대성이론이 나날이 수학적 깊이를 더해가는 양상을 보면서, 그 발전을 자신도 뒤쫓지 못할 정도라고 토로하기도 했다.

그러나 어느 이론이든 항상 그 본 모습을 돌이켜볼 필요는 있는 법이다. 분명 이 책은 오늘날 상대성이론을 배우는 데에 최적의 교재라고 할 수는 없다. 하지만 상대론의 진정한 이해를 위해서 그 창시자의 본령을 이해하는 것은 필수적이다. 이런 뜻에서 희대의 천재가 펼치는 그윽한 사상을 되돌아보면서 자신의 과학과 철학을 깊이 하려는 사람들이 침잠하며 관조하는 마음으로 음미해보기를 권한다.

2011년 4월
향림골에서 고중숙

찾아보기

ㄱ

가속질량 accelerated masses 191

가속질량의 유도작용 inductive action of accelerated masses 191

가우스, 카를 프리드리히 Gauss, Karl Friedrich 129~130, 134, 250

갈릴레오변환 Galilean transformation 78, 79

갈릴레오영역 Galilean regions 126, 132, 133

곡선좌표 curvilinear coordinates 129, 131

공간의 균일성 homogeneity of space 63

공간의 등방성 isotropy of space 63, 69, 215

공변벡터 covariant vector 135~136, 138, 146

관성질량과 중력질량의 동등성 equality of inert and gravitational mass 124

근본텐서 fundamental tensor 60, 137~138, 148

기준공간 spaces of reference 45~50, 58, 62~64, 75~76, 79, 83~84, 91, 121, 123, 126

ㄴ

뉴턴 중력상수 Newtonian gravitation constant 165, 173

ㄷ

대칭텐서 symmetrical tensor 60, 67~68, 111, 117, 152, 251

동시성 simultaneity 62, 84

드 지터, 빌럼 De Sitter, Willem 79

등가원리 equivalence principle 125~126, 129, 158, 174, 250

ㄹ

레비치비타, 툴리오 Levi-Civita, Tullio 134, 141, 251, 278

로렌츠변환 Lorentz transformation 83, 85~88, 90, 93~94, 98~99

리만 , 베른하르트 Riemann, Bernhard 15, 134, 250

리만텐서 Riemann tensor 149, 152, 164, 187

ㅁ

마이컬슨, 앨버트 Michelson, Albert Abraham 79

마흐, 에른스트 Mach, Ernst 122~123, 187~188, 192, 199, 250

맥스웰 방정식 Maxwell's equations 10, 33, 69, 78~79, 97~98, 110~111, 184~185, 242, 249

몰리, 에드워드 Morley, Edward 79

물질입자의 운동방정식 equations of motion of material particle 63, 107, 189

미분으로 텐서 만들기 formation of tensors by differentiation 60, 140

민코프스키, 헤르만 Minkowski, Hermann 84, 86, 95~96

ㅂ

바일, 헤르만 Wyle, Hermann 141, 145, 179, 186

반대칭텐서 skew-symmetrical tensor 61, 65, 66, 71, 97, 147, 152, 242

반변벡터 contravariant vectors 134~136, 140~141, 253

반변텐서 contravariant tensors 138, 145, 262, 277

보존원리 conservation principles 111, 113, 117, 163

불변(량) invariant 52~54, 57~58, 63, 64, 90, 93~94, 103~104, 113~114, 132~134, 136, 139~140, 143, 227

비오-사바르힘 Biot-Savart force 100~101

빛시간 light-time 85, 89~90

빛원뿔 light-cone 96, 210

빛의 경로 path of light ray 177

ㅅ

4-벡터 four-vector 96, 101, 103~105, 107

4차원 연속체 four-dimensional continuum 84~85, 96, 157, 195

속력의 덧셈정리 addition theorem of velocities 93

수성의 근일점이동 perihelion of Mercury 179

스펙트럼 선의 이동 displacement of spectral lines 229

시간의 개념 concept of time 81

ㅇ

압축성 점액 compressible viscous fluid 68

연속방정식의 불변성 covariance of equation of continuity 68

우선적인 좌표계 preferred systems of coordinates 50, 251

우주론문제 cosmologic(al) problem 186, 201, 203~204, 229

우주상수 cosmologic(al) constant 23~24, 26, 207, 215, 228

우주의 나이 Age of universe 219, 235

우주의 반지름 radius of universe 198

움직이는 자와 시계 moving measuring rods and clocks 92

원심력 centrifugal force 129

유체역학 방정식 hydrodynamical equations 113, 117

유클리드기하(학) Euclidean geometry 45, 47, 50~52, 63, 75, 85, 87, 94, 127~129, 134, 153, 167, 174, 176

응력텐서 stress tensor 67~69

일차직교변환 linear orthogonal transformation 49, 50, 52, 56, 58, 60, 136, 140

ㅈ

전자기장의 에너지텐서 energy tensor of electromagnetic field 107, 110

중력상수 gravitation constant 165, 173

중력장방정식 equations of gravitational field 108, 161, 166, 173, 179, 181, 186, 193, 195, 197, 204, 206, 208, 215~217, 226, 228~229, 231~232, 245, 249

중력질량 gravitational mass 123~125, 250

직교변환 orthogonal transformations 68

직교조건 condition of orthogonality 49

직선 straightest lines 47, 50, 54~56, 130, 153, 157~158, 209~210

질량과 에너지 mass and energy 101, 106, 114, 162

질량과 에너지의 동등성 equivalence of mass and energy 114

ㅊ

측지선 geodesic lines 130, 153, 154, 158, 204, 208~210, 215~216

ㅋ

칼루차, 테오도르 Theodor Kaluza 33~34, 186

ㅌ

텐서의 미분 differentiation of tensors 64

텐서의 채(수) rank of tensor 61

텐서 tensor 54~56, 58~61, 63~69, 71, 75, 96~98, 100, 106, 110~111, 113~117, 134, 136~138, 140, 147~149, 152~153, 161~164, 166, 170, 173, 184~185, 187, 196, 215, 223, 227, 242, 250, 252, 254, 256~257, 259~262, 264~265, 270,

상대성이란 무엇인가

277~278, 284

특수로렌츠변환 special Lorentz
    transformation 87, 90, 93, 99

티링, 한스 Thirring, Hans 191

ㅍ

푸아송 방정식 Poisson's equation 161,
    163~164

프리드만, 알렉산더 Friedman, Alexander
    23~24, 207, 228~229

피조, 아르망 Fizeau, Armand 79

ㅎ

합동정리 theorems of congruence 44

허블팽창 Hubble's expansion 216~217,
    229, 233

The
MEANING
of
RELATIVITY

《상대성이란 무엇인가》는…

우리는 이제야 비로소 아인슈타인의 세기의 명강연을 만날 수 있게 되었다. 1921년 프린스턴대학교 초청 강연을 국내 최초로 소개하는 이 책은 인류 과학의 역사가 집대성된 결과물이다. 상대성이론은 거의 100년 전에 발표되었음에도 21세기 과학계에서 여전히 영향력이 막강하다. 첨단 과학의 거대한 씨앗을 뿌린 상대성이론을 소개한다는 점, 그리고 아인슈타인이 생애를 걸고 고민한 문제를 풀어가는 과정을 여실히 보여준다는 점에서, 이 책은 과학자뿐만 아니라 우주의 비밀이 궁금한 모든 이들이 반드시 읽어야 할 고전이다.

여기에 더해 브라이언 그린의 서문과 고중숙의 번역은 이 책을 더욱 빛나게 한다. 그린은 아인슈타인이 남긴 숙제를 가장 잘 풀어내고 있다고 평가받는 초끈이론의 선구적 연구자이다. 그의 서문은 상대성이론의 의미와 가치 그리고 우주의 문제를 다루고 있는 이론물리학 전반을 한눈에 조감할 수 있게 한다. 또한 고중숙 교수는 상대성이론에 대한 풍부하고 깊이 있는 지식으로 이미 아인슈타인에 대한 책을 여러 권 번역한 탄탄한 내공을 지니고 있다. 그는 이 책을 번역하는 데 용어 하나하나 치열하게 고민하고 세심하게 선택하여, 독자들이 상대성이론에 대한 정확한 이해에 도달할 수 있도록 혼신의 힘을 기울였다.